MÉMOIRES

SUR LES

POUDRES DE GUERRE

DES DIFFÉRENTS PROCÉDÉS DE FABRICATION;

AVEC RÉSUMÉS DES ÉPREUVES COMPARATIVES FAITES SUR CES POUDRES A ESQUERDES EN 1831 ET 1832, ET A METZ EN 1836 ET 1837;

PAR G. PIOBERT.

PARIS,

BACHELIER, IMPRIMEUR-LIBRAIRE,

Rue du Jardinet, n° 12.

1844.

MÉMOIRE

SUR LES EFFETS

DES POUDRES DE GUERRE

DES DIFFÉRENTS PROCÉDÉS DE FABRICATION,

ET SUR LE MODE DE CHARGEMENT A ADOPTER POUR LES RENDRE INOFFENSIVES DANS LES BOUCHES A FEU.

(Adressé au Ministre de la Guerre en octobre 1833.)

État de la question. — L'Artillerie, comme tous les arts qui comportent l'emploi de divers éléments dont la connexion intime fait réagir sur tous les autres les modifications apportées à l'un d'eux, n'a pu faire de progrès sensibles que par le concours de perfectionnements apportés simultanément dans plusieurs de ses parties. Cet accord de circonstances difficile à rencontrer ne saurait être fortuit et ne s'obtient ordinairement qu'à la suite de tâtonnements longs et dispendieux. Depuis les premières bouches à feu semblables au mortier dont elles prirent le nom et dans lequel les effets balistiques de la poudre furent découverts, jusqu'aux canons que Gribeauval a proportionnés avec tant de précision, un grand nombre d'essais ont été tentés; on a varié à l'infini les formes, les dimensions, la nature du métal, en passant souvent d'un extrême à un autre. Ces recherches sur les bouches à feu, renouvelées en France en l'an XI, et que, dernièrement encore, on a tentées de nouveau, ne peuvent être couronnées de succès qu'autant qu'elles sont coordonnées avec celles qui ont lieu dans les autres branches de l'Artillerie.

De même le mélange grossier de salpêtre, de soufre et de charbon, primitivement employé, n'a été perfectionné que successivement dans ses proportions et dans sa préparation, à mesure que les progrès de l'art de fondre les canons les rendaient capables de résister à de plus grands efforts. Le mélange formé d'abord dans des proportions variables des trois matières constitutives, ne fut employé dans les premiers temps qu'à l'état de poudre, dont il porte encore le nom; et cet usage se conserva pendant plus de trois siècles pour les canons, longtemps encore après qu'on eut reconnu que deux parties de poudre grenée donnaient autant de portée aux projectiles que trois parties de pulvérin. Les canons des armes à feu portatives, fabriqués en fer forgé, purent les premiers résister aux efforts de la poudre grenée, employée en petite quantité; elle fut adoptée pour ces armes, en prenant le nom de *poudre à mousquet*. Malgré les réclamations de plusieurs auteurs qui, signalant les inconvénients de l'emploi à la guerre de deux espèces de poudre de forces différentes, demandaient qu'on abandonnât entièrement l'usage de l'ancienne poudre, très-inférieure à la nouvelle, l'expérience plusieurs fois consultée en fit continuer l'emploi dans les canons, le désavantage qui résultait d'un effet moins grand, ou de plus de dépenses, étant moins à redouter qu'une trop prompte destruction des bouches à feu. Lorsqu'on adopta le fer fondu pour les bouches à feu de la marine, sa dureté permit de faire usage de la poudre grenée, qui fut enfin exclusivement employée dans le XVIIe siècle, quand de meilleures proportions de métaux plus purs et un coulage perfectionné procurèrent aux canons en bronze une résistance suffisante.

Cet équilibre entre la résistance dont les bouches à feu sont susceptibles et la force destructive de la poudre qui varie suivant la manière dont elle est employée, ne pouvant être impunément rompu, il faut y avoir égard non-seulement lorsqu'on crée un système d'Artillerie, mais encore toutes les fois qu'on ne fait qu'y apporter des modifications, sous peine de voir crouler toute innovation dès sa naissance. C'est ainsi que nous voyons les bouches à feu tracées par Dumetz et fondues par les Keller, fournir un bon service dans les longs et nombreux siéges que les armées françaises ont faits sous Louis XIV, et les mêmes calibres, renforcés de métal depuis cette époque et tirés avec des charges moins fortes (moitié du poids du boulet au lieu des deux tiers), ne plus fournir qu'un très-médiocre service, ainsi que le prouvent les expériences de Douai en 1786, et les siéges faits depuis le commencement des guerres de la Révolution. Cette anomalie choquante ne peut donc être due qu'aux changements que depuis lors on a introduits comme améliorations dans cette partie du service; on ne doit pas l'attribuer à l'infériorité de la poudre employée à cette époque, puisque celle qui a été fabriquée alors et conservée jusqu'à présent, est encore d'un bon service, et que les anciennes portées des pièces sont encore celles que donnent les poudres actuelles avec les mêmes calibres. Nous verrons plus tard que l'ancien mode de chargement des canons atténuait d'une manière sensible les dégradations que peuvent éprouver actuellement les pièces avec le nouveau mode; la charge portée au fond de l'âme avec une lanterne n'était rassemblée qu'en partie par le refouloir et ne remplissait qu'imparfaitement l'espace situé en arrière du boulet; de plus, ce dernier était déjà déplacé et porté sensiblement en avant par l'explosion de la quantité de poudre contenue dans la chambre porte-feu, avant que la plus grande partie des fluides élastiques de la charge fût développée, et que le maximum de tension des gaz eût lieu. Ainsi, les inconvénients inhérents à ce mode de chargement, et qui l'ont fait abandonner avec raison, ont été remplacés par d'autres aussi très-graves auxquels on n'a pas encore remédié.

La plus grande énergie que dans ces derniers temps on est parvenu à donner à la poudre au moyen des nouveaux procédés de fabrication, a rendu encore plus saillant le défaut de résistance des bouches à feu en bronze; quelques-unes ont éclaté, même avec la charge du tiers du poids du boulet, et d'autres ont été promptement détériorées avec la faible charge du quart de ce poids.

EXPÉRIENCES D'ESQUERDES.

Ces faits ont provoqué les épreuves comparatives faites à Esquerdes en 1831, sur les poudres fabriquées par les trois procédés, des pilons, des tonnes et des meules avec charbon roux. Ces expériences avaient pour but de faire ressortir les propriétés particulières que donne à la poudre chacun de ces trois modes de fabrication, principalement sous le rapport des vitesses imprimées aux projectiles et sous celui des dégradations occasionnées dans les bouches à feu. On pensait obtenir ainsi les données nécessaires pour arriver d'une manière certaine à la fabrication de la poudre du meilleur service, de celle qui produit le plus d'effet sur le projectile, sans exiger des armes qui doivent la contenir et la diriger dans ses effets, plus de résistance que n'en peuvent présenter les métaux qui jusqu'à présent ont été reconnus les plus propres à les former.

Ces épreuves faites sur une grande échelle, avec des moyens plus parfaits que ceux qu'on avait employés jusqu'alors, ordonnées et dirigées avec sagacité, exécutées avec intelligence et précision, n'ont pas eu cependant tout le succès désirable, et leurs résultats, du moins jusqu'à présent, sont loin de réaliser l'espoir qu'on avait conçu. En effet, chaque mode de fabrication conserve encore des partisans, parmi ceux qui ont été chargés de suivre les expériences, ou d'en examiner les résultats; les officiers d'Artillerie les plus instruits, les plus compétents sur cette matière, sont partagés d'opinion; de sorte qu'on n'a pu tirer aucune conclusion définitive des épreuves, ni s'entendre sur la question des poudres, tant les vues sont opposées et les propositions divergentes. On trouve textuellement dans les rapports officiels auxquels ces expériences ont donné lieu : « Après un examen attentif du travail fait à Esquerdes, la » Commission n'a pu reconnaître ce qu'il y avait à faire, » soit aux machines des divers procédés, soit à la manière » de les employer, pour éviter ou atténuer les causes des » effets brisants. »

Ailleurs on lit : « Quoiqu'il ne soit sorti des expériences » d'Esquerdes aucun résultat d'une application immé- » diate, etc. » Enfin, la Commission conclut que la question des poudres présente encore beaucoup de points principaux à éclaircir, pour lesquels elle propose six nouvelles séries d'expériences sur la poudre à canon et autant sur la poudre à mousquet, et elle présente le programme détaillé de chacune d'elles.

Le Comité de l'Artillerie, mettant en doute les améliorations qu'on a cru apporter à la fabrication de la poudre au moyen des nouveaux procédés, propose d'abandonner la marche qui a été suivie et que la Commission voulait continuer et croit qu'il faudrait revenir sur ses pas, en cherchant à reproduire la poudre telle qu'on la fabriquait en 1689, afin de partir de cette poudre comme type, pour l'améliorer s'il y a lieu. Dans une telle occurrence et au milieu d'opinions si divergentes, on conçoit quel doit être l'embarras de l'administration, vu l'influence fâcheuse qu'une fausse direction peut avoir sur les finances et la sûreté de l'État. Aussi nous avons cru remplir un devoir impérieux en cherchant à éclairer cette question, par l'application des résultats généraux auxquels nous étions parvenu dans des recherches antérieures sur les effets de la poudre, d'après toutes les expériences un peu précises, connues à cette époque.

En les comparant aux résultats des épreuves d'Esquerdes, nous avons reconnu que ces derniers pouvaient également être déduits des principes développés dans deux Mémoires envoyés à l'Académie des Sciences, et sanctionnés jusqu'à un certain point par l'expérience, puisqu'ils ont servi à déterminer les épaisseurs de métal de deux des nouveaux obusiers, l'un en bronze, l'autre en fonte de fer, qui ont parfaitement résisté dans le tir, quoique ces épaisseurs soient de beaucoup inférieures à celles que jusqu'à présent on avait cru devoir donner aux bouches à feu de même calibre et de même matière, tirées avec des charges et des projectiles de même poids.

La difficulté qu'on éprouve à déduire des conclusions précises des résultats des expériences sur les effets de la poudre dans les armes, tient à un défaut capital de ces épreuves, qui jusqu'à présent n'ont donné la mesure que de l'effet total, ou de la somme des efforts exercés par les fluides élastiques, soit sur le projectile, soit sur la bouche à feu, sans rien indiquer relativement à l'intensité des efforts partiels qui se succèdent rapidement pendant tout le temps que le moteur exerce son action; la durée totale de cette action n'a même jamais été mesurée. Or, comme un même effet total peut résulter d'une infinité de combinaisons d'efforts partiels différents, sa mesure ne suffit pas pour en conclure le lieu, l'époque, la durée et l'intensité des pressions dues à l'expansion des gaz développés pendant la combustion de la poudre. Ces données sont cependant indispensables pour prévoir les effets des plus petits changements apportés soit dans le moteur, soit dans la machine, et même pour juger sainement des effets et des résultats obtenus directement, à cause des différences sensibles qui existent d'un coup à un autre; car pour qu'ils fussent identiques, il faudrait le concours de circonstances entièrement semblables dans les deux cas, concours qui paraît impossible à obtenir dans ce genre d'expériences. On voit, en effet, que, malgré tous les soins pris dans les épreuves d'Esquerdes, non-seulement toutes les poudres des divers procédés de fabrication, mais même les différents coups de chaque poudre d'une même poudrerie, n'ont pas été tirés complétement dans les mêmes circonstances. On ne saurait donc, uniquement d'après les reculs et les vitesses initiales mesurées, établir de comparaison rigoureuse entre les produits de deux établissements employant le même procédé de fabrication, et à plus forte raison tirer des conclusions précises des résultats obtenus pour les diverses espèces de poudres, que leurs propriétés physiques particulières obligent de placer dans des circonstances qui diffèrent encore plus. Nous voyons, par exemple, une assez grande différence dans la grosseur des grains des différentes poudres d'un même procédé, leur poids variant dans le rapport de 3 à 4; cette variation est même de 2 à 3 pour les poudres fabriquées par des procédés différents. La pesanteur spécifique des grains varie aussi de 1,6 à 1,8 pour un même procédé, et de 1,5 à 1,8 pour des procédés différents; ces deux causes produisent, dans les vitesses d'inflammation et de combustion des poudres, des variations considérables; il en résulte également, dans les densités gravimétriques, des dissemblances qui sont reproduites dans les densités et les tensions des fluides élastiques dans l'âme des canons, à cause du plus ou moins grand emplacement qu'occupe la charge; les différences de pesanteurs spécifiques des grains exercent encore une influence sur ces densités et ces tensions dans les bouches à feu, pendant tout le temps que dure la combustion de la poudre.

A toutes ces variations dans les propriétés physiques des diverses poudres essayées dans les épreuves d'Esquerdes, il faut aussi ajouter les différences sensibles qui ont eu lieu dans leur emploi. On voit, en effet, que les hauteurs des charges, dans chaque série d'une même poudre, ont varié même de $\frac{1}{15}$ dans deux coups consécutifs; si la charge était entièrement comburée avant le déplacement sensible du boulet, cela amènerait entre ces deux coups une différence de tension des gaz de 3000 atmosphères, d'après les expériences de Rumford; par suite de la formation successive des fluides élastiques, cette énorme différence est réduite, il est vrai, suivant nos calculs, à sa dixième partie; mais cette variation d'effets dus à ces causes accidentelles dans des coups supposés tirés dans les mêmes circonstances, est encore trop considérable pour qu'on puisse tirer des conclusions des reculs ou des vitesses initiales qui en sont résultés, sans avoir égard aux circonstances particulières à chaque coup. En comparant les hauteurs des charges des poudres fabriquées par un même procédé et de même pesanteur spécifique de grains (1,518), on voit, par exemple, que la poudre du Ripault, d'une densité gravimétrique (0,839) plus grande que celle de Maromme (0,831), occupe cependant une plus grande longueur dans l'âme de la pièce; cette différence ne peut pas venir d'un refoulement égal, ou de toute autre cause uniforme pour les deux poudres, puisque la première est susceptible de plus de tassement (974 à 838) que la dernière (953 à 830); d'un autre côté, on ne peut pas supposer qu'on ait employé des gargousses de diamètres différents pour ces deux poudres. Quoi qu'il en soit, cela change sensiblement les circonstances du tir, soit par un vide plus grand laissé autour de la charge, soit par de plus grands interstices laissés entre les grains, circonstances qui influent sur la vitesse de communication du feu dans toute la charge et sur la densité des fluides élastiques dans les premiers instants. En étendant cette comparaison aux autres poudres, on voit que celle d'Esquerdes (poudre des meules) est encore plus tassée que celle de Maromme; que celle de Metz l'est un peu moins, et enfin que celle du Bouchet ne l'est que très-peu, ainsi que celle d'Esquerdes (poudre des tonnes); les autres poudres le sont moyennement.

Première série. — Si après ces observations préliminaires sur les différences qui ont existé dans l'emploi des diverses poudres, on examine les deux séries d'expériences faites à Esquerdes, on voit que le *Cerbère*, canon de campagne de 12 neuf, est sensiblement détérioré dès le commencement, par un tir de douze coups à boulets ficelés, à la charge du tiers de ce boulet, avec chacune des sept poudres soumises aux épreuves officielles : trois fabriquées avec les pilons, trois avec les tonnes et presses, et une avec les meules. Ces 84 coups, plus 14 flambés, ont produit un logement de boulet de $9^{ts}\frac{1}{2}$ ($1^{mm},7$) et un refoulement en fuseau de 6 à 9^{ts} ($1^{mm},1$ à $1^{mm},7$). Toutes les circonstances relatives au tir de chaque espèce de poudre n'étant pas données, les vitesses initiales et les reculs mesurés ne suffisent pas pour en conclure aucune autre propriété particulière à chacune de ces poudres; on voit seulement que parmi elles il s'en est trouvé de brisantes. Il en est de même des 21 coups tirés ensuite à boulets ensabotés avec quinze espèces de poudres différentes, qui ont augmenté le refoulement de l'âme de 14^{ts} ($2^{mm},6$). Le canon ainsi dégradé a servi à des essais de granulation qui auraient demandé une âme en bon état pour donner avec précision l'influence de la grosseur des grains, que l'on a trouvée peu sensible; les très-gros grains, de 17 au gramme, ont donné des vitesses inférieures à celles qu'auraient dû donner des charges d'un volume aussi petit. Pour les autres grosseurs de grains, les différences de densité gravimétrique ont rendu les autres influences peu sensibles et les ont même effacées, la vitesse ayant diminué avec la densité. Enfin le demi-lissage et le lissage ayant augmenté cette densité, les vitesses se sont accrues, et lorsque les densités ont peu varié, on a pu encore apercevoir une très-faible influence de la granulation. 18 coups de poudres à charbon roux d'une grande densité et fabriquées avec des meules ont augmenté de 7^{ts} (1^{mm},3) le refoulement de l'âme; la tension des gaz de l'une de ces poudres a dû dépasser le double des plus fortes pressions exercées dans les bouches à feu par les poudres des pilons à charbon noir.

Des essais sur les poudres des tonnes, à charbon noir et roux, de différentes densités, ont montré que, quoique l'augmentation de pesanteur spécifique des grains diminue la vitesse de combustion, l'augmentation de densité gravimétrique qui en résulte, compense, et au delà, cette diminution dans l'effet total, à cause du moindre espace occupé par les gaz dans les premiers instants de leur expansion. La comparaison de l'ensemble des résultats obtenus avec le charbon noir et avec le charbon roux semble indiquer que l'un donne à la poudre plus de vitesse de combustion et d'inflammation, et l'autre plus d'énergie. 63 coups de ces poudres, dont aucune ne joint une grande densité gravimétrique à une grande vitesse de combustion, n'ont pas produit de dégradations sensibles dans l'âme. Il n'en a pas été de même de la poudre fabriquée par les meules avec du charbon roux, d'une grande densité gravimétrique (0,920) et tirée avec des charges supérieures au tiers des poids du boulet; 2 coups à 2^k,50 ont porté le refoulement à 31^{ts} (5^{mm},8), et 2 autres à la charge de 3^k l'ont augmenté au delà de 46^{ts} (8^{mm},6); dans une étendue de 6 pouces (0^m,162), l'étoile mobile ne marquait plus; le métal était gercé à l'extérieur et la pièce entièrement hors de service. La tension des gaz a été, dans les deux premiers coups, double des plus fortes pressions exercées par la poudre des pilons dans les canons de campagne, avec la charge ordinaire du tiers du poids du boulet;

dans les deux derniers, cette tension a dépassé deux fois et demie cette même pression.

La mise hors de service de ce canon a terminé la première série des épreuves qui, comme l'on voit, ne peut conduire à aucune conclusion précise; on peut tout au plus en tirer quelques inductions. Les principaux résultats obtenus dans cette première série d'épreuves sont consignés dans le tableau suivant :

Résultats obtenus à Esquerdes dans la première série des épreuves comparatives des poudres des différents procédés de fabrication.

PROCÉDÉ de fabrication	POUDRERIES.	Nombre de grains au gramme		Fin grain sur 100 parties.	Densité gravimétriq.	Humidité			Poussier sur 100		Vitesses initiales à la charge du tiers avec canon de 12		Différences de la plus grande à la plus petite vitesse, sur 10 coups.	Portées au mortier éprouvette.
						contenue dans 100 part.; séchage								
		à la sortie du magasin	après un voyage.			au séchoir.	à l'air.	absorbée à la salle humide.	à la sortie du magasin	après un voyage.	sur affût.	suspendu.		
											m	m	m	m
Pilons. . .	Metz	292	426	24,64	842	1,140	0,810	0,106	0,890	0,065	469,8	471,5	14,2	235,1
	Maromme. . .	353	360	31,75	828	0,930	0,763	0,124	0,525	0,048	469,1	483,1	10,1	234,6
	Le Ripault . .	371	434	35,61	839	0,940	0,712	0,073	0,850	0,068	470,7	477,4	18,4	235,7
Tonnes. . .	Angoulême . .	396	404	35,18	855	0,900	0,679	0,094	0,250	0,029	504,4	521,0	32,4	235,3
	Le Bouchet . .	515	547	40,53	845	1,055	0,777	0,104	0,625	0,025	499,1	501,6	35,8	238,6
	Esquerdes. . .	328	380	26,34	828	0,925	0,735	0,100	0,210	0,028	483,7	496,6	51,5	233,9
Meules. . .	Esquerdes. . . (procédé anglais.)	224	228	6,24	883	1,000	0,885	0,533	0,005	0,003	510,4	519,9	21,7	218,8

Deuxième série. — La deuxième série d'expériences a été commencée avec le *Brutal*, canon de campagne en bronze neuf, exactement du calibre de 12 et constamment tiré à cartouche à boulet. Dans le tir préliminaire, on a employé la poudre des meules à charbon roux qui avait brisé le *Cerbère*. Aussi, après un tir de 2 coups aux charges de $0^k,50$ et $1^k,50$, et un seul coup aux charges de $1^k,0$, $1^k,75$ et $2^k,0$, le refoulement de l'âme vers la partie antérieure de la dernière charge a été de $14^{ts}\frac{1}{2}$. 2 coups de la poudre de Maromme ont aussi été tirés, il est vrai; mais cette poudre est inoffensive; toutes les dégradations sont dues à l'autre poudre pour laquelle les tensions maxima des gaz ont été supérieures, même avec la charge de 1^k, à la plus grande pression due à la poudre de Maromme avec la charge de 2^k; ainsi l'âme du canon s'est trouvée sensiblement détériorée avant le commencement des épreuves comparatives officielles entre trois poudres des pilons, trois poudres des tonnes et deux poudres des meules avec charbon roux, fabriquées l'une à Esquerdes, l'autre en Angleterre. Cette dernière était au dosage anglais 75 salpêtre, 15 charbon et 10 soufre, tandis que toutes les autres étaient au dosage français 75, $12\frac{1}{2}$, $12\frac{1}{2}$. Les 10 coups tirés avec chacun de ces huit échantillons de poudre, l'ayant été dans des circonstances différentes, les moyennes des reculs ou des vitesses mesurées ne peuvent donner leur classement, ni sous le rapport de leur rapidité de combustion, ni sous celui des tensions des fluides élastiques dégagés dans leur décomposition, ni enfin sous celui des efforts qu'elles ont exercés contre les parois des bouches à feu; on a été ainsi très-loin de pouvoir évaluer ces effets, et encore plus d'assigner les variations qui résulteraient des changements qu'on apporterait aux circonstances particulières dans lesquelles elles ont été essayées.

Les considérations qui peuvent y conduire sont trop complexes pour trouver place ici; nous renverrons donc aux deux Mémoires déjà cités, dans lesquels elles ont été développées; nous ne donnerons ici que les résultats auxquels elles conduisent quand on en fait l'application aux expériences d'Esquerdes. On voit d'abord, en commençant par la comparaison des poudres de même procédé de fabrication, que la poudre du Ripault, quoique ayant donné des reculs et des vitesses initiales moins grands que la poudre de Maromme, est cependant d'une combustion plus vive; quant à la poudre de Metz, elle est autant inférieure à celle de Maromme que celle-ci l'est à la poudre du Ripault. Une observation importante à faire, c'est que quoique cette dernière ait une plus grande vivacité de combustion que les deux autres, l'allongement de ses charges dans les épreuves l'a rendue la plus inoffensive des trois; la plus grande tension de ses gaz a été d'environ $\frac{1}{24}$ et $\frac{1}{18}$ moins forte que celle des deux autres poudres, tandis que sa vitesse n'a différé que de $\frac{1}{720}$ et $\frac{1}{190}$ de celle des mêmes poudres; son recul a dépassé celui de la poudre de Metz et n'a été inférieur à celui de la poudre de Maromme que de $\frac{1}{980}$. Nous reviendrons plus tard sur les conséquences qu'on peut tirer de ce résultat.

Parmi les poudres fabriquées avec les tonnes, celles d'Angoulême et du Bouchet ne diffèrent pas beaucoup entre elles; la vivacité de combustion de la première est peut-être un peu plus grande que celle de la seconde, mais dans un rapport bien moins grand que celui des vitesses initiales qui ont été diminuées dans cette dernière, par un plus grand allongement de charge que dans l'autre, la tension maximum de ses gaz ayant été diminuée de $\frac{1}{24}$ de ce qu'elle aurait été, si cette poudre avait été tirée dans les mêmes circonstances que celle d'Angoulême. Quant à la poudre d'Esquerdes, sa combustion est beaucoup moins vive que celle des deux précédentes, et quoiqu'elle soit classée dans le même mode de fabrication, il doit y avoir une différence sensible dans une partie des procédés, car elle tient à peu près le milieu entre les poudres d'Angoulême et du Bouchet et celle du Ripault; malgré cela, les tensions de ses gaz se rapprochent environ trois fois plus de celles des deux premières que de celles de la dernière, de sorte qu'elle serait la moins avantageuse de toutes à employer, d'après la considération du rapport des effets utiles aux effets destructeurs...

Les poudres à charbon roux fabriquées avec des meules, soit en Angleterre, soit à Esquerdes, ont sensiblement la même énergie; la plus grande densité gravimétrique de celle d'Esquerdes, ou, si l'on veut, la moindre longueur de ses charges, lui a donné une tension de gaz plus grande de $\frac{1}{8}$; aussi elle a dû être plus destructive.

Les principaux résultats obtenus dans cette seconde série d'épreuves sont consignés dans le tableau suivant :

Résultats obtenus à Esquerdes dans la seconde série des épreuves comparatives des poudres des différents procédés de fabrication.

PROCÉDÉ de fabrication	POUDRERIES.	Nombre de grains au gramme		Densité		Humidité		Poussier sur 100		Vitesses initiales au canon de 12 ayant un excès de diamètre de		Différences de la plus grande à la plus petite vitesse, sur 10 coups.	portées au mortier	
		à la sortie du magasin	après un voyage.	des grains.	gravimétriq.	contenue dans 100 parties.	absorbée à la salle humide.	à la sortie du magasin	après un voyage.	3mm,6.	plus de 9 millimètres.		de 270, à la charge de 0k,73.	éprouvette.
										m	m	m	m	m
Pilons...	Metz.....	328	363	1,523	844	0,484	0,648	1,095	0,040	483,4	474,8	26,9	724,1	237,8
	Maromme...	317	355	1,519	831	0,516	0,716	0,775	0,043	485,3	478,8	21,8	"	238,2
	Le Ripault..	421	437	1,518	839	0,546	0,620	0,820	0,053	482,7	480,6	30,3	"	236,5
Tonnes..	Angoulême..	387	418	1,660	857	0,464	0,632	0,330	0,033	508,6	486,7	30,5	"	230,3
	Le Bouchet..	425	485	1,570	853	0,452	0,494	0,660	0,038	504,3	483,0	24,8	678,3	235,6
	Esquerdes...	326	358	1,507	831	0,386	0,526	0,300	0,029	498,5	491,1	25,9	734,8	234,7
Meules..	Esquerdes...	285	299	1,792	920	0,646	1,774	0,050	0,000	528,9	485,2	24,3	613,4	214,2
	Angleterre...	299	442	1,611	850	0,450	0,756	0,120	0,015	513,0	495,0	25,5	704,3	236,8

Classement des poudres des différents procédés de fabrication.

Si maintenant nous comparons entre elles les poudres des divers procédés de fabrication, nous voyons qu'elles doivent être classées sous le rapport de l'énergie dans l'ordre suivant, en commençant par les plus fortes :

Esquerdes (procédé anglais) et Anglaise, meules et charbon roux;

Angoulême et Bouchet, tonnes et charbon distillé noir;

Esquerdes, tonnes et charbon distillé noir;

Ripault, pilons et charbon noir;

Maromme, pilons et charbon noir;

Metz, pilons et charbon noir;

Ces poudres conserveraient le même classement sous le rapport des dégradations qu'elles occasionneraient aux canons, si elles étaient tirées dans les mêmes circonstances; mais vu les particularités qui ont eu lieu dans les épreuves d'Esquerdes, elles ont été rangées ainsi qu'il suit, en commençant par celles qui ont été les plus offensives.

	Les moyennes des tensions maxima ayant été à peu près comme les nombres
Esquerdes (procédé anglais)	27
Anglaise et Angoulême	24
Bouchet	23
Esquerdes	22
Maromme et Metz	20
Ripault	19

On avait pensé qu'en diminuant les charges de la poudre fabriquée avec des meules et du charbon roux, on pourrait la rendre la moins destructive, tout en conservant les vitesses initiales que donnent les poudres des anciens procédés; on a donc essayé la charge de $1^k,50$ de cette poudre; mais les vitesses obtenues ayant été très-inférieures à celles que donnent les poudres des pilons, on a essayé la charge de $1^k,70$ de cette même poudre; la vitesse moyenne a dépassé celles des anciennes poudres, et les reculs ont été moins forts. Ce résultat a fait penser à quelques personnes qu'il serait avantageux au service, sous tous les rapports, d'adopter l'emploi des nouvelles poudres en réduisant les charges de manière à conserver et même à augmenter les vitesses initiales que les poudres à pilons donnaient aux projectiles, tout en réduisant leurs effets destructeurs sur les bouches à feu et sur les affûts; d'où résulterait une grande économie pour l'État, tant sur le matériel que sur la poudre. Mais malheureusement cet espoir ne peut se réaliser; car en évaluant les tensions maxima des fluides élastiques dans les 10 coups tirés, dans les épreuves d'Esquerdes, avec cette charge réduite qui paraissait présenter de si grands avantages, on trouve que leur moyenne a dépassé sensiblement celle des poudres des nouveaux procédés des tonnes et même celle de la poudre anglaise; en effet, en la représentant à l'échelle employée ci-dessus, on voit qu'elle aurait un nombre un peu plus fort que 25, de sorte que cette charge de $1^k,70$ est sensiblement plus destructive des bouches à feu que celle de 2^k des autres poudres les plus offensives; et même si l'on réduit la charge de la même poudre à $1^k,50$, comme cela avait été essayé, on trouve, malgré l'infériorité marquée de ses vitesses initiales, que la plus grande tension de ses gaz a dépassé sensiblement la moyenne de celle des poudres des tonnes des nouveaux procédés, avec la charge de 2^k; de sorte que toutes les poudres des anciens procédés et celles du Bouchet et d'Esquerdes à tonnes sont plus inoffensives à la charge du tiers du poids du boulet, que la poudre d'Esquerdes à charbon roux avec meules à la charge du quart du même poids. En représentant aussi son plus grand effort à l'échelle précédente, on trouve qu'il atteindrait à peu près le nombre 23 $\frac{1}{2}$.

Ainsi les tensions maxima de 2^k de la poudre d'Esquerdes à charbon roux fabriquée avec des meules ont dépassé de $\frac{1}{3}$ les plus grands efforts que la charge ordinaire de la meilleure poudre des pilons fait éprouver aux canons de campagne, et pour lesquels ces bouches à feu ont été proportionnées. Ces effets sont encore dépassés de $\frac{1}{4}$ et de $\frac{1}{6}$ quand on réduit à $1^k,70$ et $1^k,50$ les charges de cette poudre des meules; et pour qu'elle devînt aussi inoffensive que celle des pilons, il faudrait diminuer la charge à tel point, que la somme des efforts des gaz sur le projectile ne serait plus qu'environ moitié de ce qu'elle est actuellement avec les charges et les poudres habituellement employées. Il faut donc renoncer à atteindre le but d'avoir en même temps grande vitesse des projectiles et conservation des bouches à feu, en diminuant les charges des poudres très-vives.

Moyen de rendre inoffensives les poudres les plus énergiques et de les employer avec avantage.

Ce résultat fâcheux semblerait indiquer que les nouvelles poudres ont une propriété brisante si grande, qu'elles doivent être proscrites dans le tir des bouches à feu, et qu'il faut renoncer aux avantages qui résulteraient de l'emploi d'une plus grande force motrice pour lancer les projectiles et à l'économie qu'on en retirerait, lorsqu'on ne voudrait pas dépasser les effets obtenus avec les anciennes poudres. Cela porterait à penser, comme une partie des officiers qui ont le plus d'expérience de la guerre, que les changements apportés dans la fabrication de la poudre, dits nouveaux procédés, loin d'être des perfectionnements pour l'Artillerie, avaient fait rétrograder l'art, et qu'il faudrait revenir aux plus anciennes fabrications, dont les produits employés pendant une longue suite de siéges et de batailles n'ont pas détruit les bouches à feu; mais, ainsi que nous l'avons fait remarquer précédemment, les anciens modes de placer les charges dans les canons au moyen de la lanterne et d'y mettre le feu par l'intermédiaire d'une chambre porte-feu, n'étant plus en usage, ces anciennes poudres des pilons ne seraient plus si inoffensives avec le mode actuel de chargement et la lumière aboutissant directement dans l'âme; en effet, les plaintes contre le peu de durée des bouches à feu remontent à une époque déjà assez reculée, puisque Gribeauval pensait, il y a plus de cinquante ans, qu'on ne pourrait pas impunément augmenter la force des poudres, sans rendre plus résistant le bronze actuel des canons; cependant les plus fortes charges étaient déjà fixées depuis longtemps à la moitié du poids du boulet. Il est donc probable que les anciennes poudres des pilons mériteraient jusqu'à un certain point, ainsi que les nouvelles, le reproche d'être destructives, par suite du mode d'emploi actuel; mais, en s'élevant à des considérations d'un ordre plus élevé, il serait fâcheux de penser que l'art a mis inutilement entre nos mains un accroissement considérable de force motrice, et que nous ne savons pas en faire usage; heureusement il n'en est point ainsi, et ici comme dans une foule de circonstances qui se présentent, et dans lesquelles on ne peut modifier l'agent que la nature nous fournit, l'art consiste à employer cet agent de manière à profiter de toutes ses propriétés utiles, tout en neutralisant ses effets nuisibles. Dans le cas actuel, on peut arriver à ce but au moyen des résultats auxquels nous ont conduits les considérations précédentes sur les différences que les circonstances particulières du tir ont apportées dans les plus grands efforts exercés par les poudres essayées dans les expériences d'Esquerdes. Nous avons trouvé, en effet, que la poudre du Ripault, vu sa plus grande vivacité de combustion, avait donné sensiblement les mêmes vitesses initiales que la poudre de Metz, malgré l'allongement plus grand de ses charges qui avait diminué notablement la densité des gaz dans les premiers instants du mouvement du projectile, de manière que la plus grande tension des fluides élastiques était de $\frac{1}{24}$ plus faible que celle qui avait eu lieu avec la poudre de Metz. On voit donc qu'en augmentant l'espace en arrière du boulet, les tensions maxima des gaz, ainsi que toutes celles qui ont lieu dans les commencements de leur expansion, diminuent beaucoup plus rapidement que les vitesses initiales; de sorte qu'une poudre plus vive peut, étant placée dans des circonstances convenables, donner des vitesses initiales plus grandes qu'une autre, sans que son effort maximum dépasse, égale même celui de cette poudre moins vive, mais placée dans un moindre espace. Si donc on adoptait pour les poudres des nouveaux procédés, beaucoup plus énergiques que celles du Ripault, une disposition analogue à celle que cette poudre a occupée dans les épreuves, relativement à la poudre de Metz, les avantages seraient beaucoup plus marqués que le précédent, et l'on pourrait ainsi abaisser considérablement les tensions maxima qui ont rendu ces poudres offensives, sans diminuer dans le même rapport la supériorité de vitesses initiales qu'elles ont sur les poudres anciennes.

On pourra concevoir ce résultat sans recourir aux Mémoires cités, qui contiennent tous les développements relatifs à la question des effets de la poudre en général, si l'on fait attention que la combustion de la poudre étant loin d'être instantanée, le projectile parcourt une certaine longueur de l'âme avant que tous les gaz soient formés; la densité des fluides élastiques, qui d'abord augmente rapidement, arrive bientôt à son maximum, lequel a généralement lieu avant que le boulet se soit déplacé d'un demi-calibre, puis elle diminue rapidement. Ainsi, dans les premiers instants, la densité des gaz dépend surtout de l'emplacement primitif du projectile, dont de légères variations sont comparables au petit espace occupé alors par les gaz; son maximum varie sensiblement avec cet emplacement primitif du boulet, et comme la tension des gaz augmente dans un rapport beaucoup plus grand que leur densité, le plus grand effort des fluides élastiques pourrait doubler en rapprochant de un demi-calibre le boulet du fond de l'âme. Mais à mesure que la densité des gaz diminue, l'influence de l'emplacement primitif décroît rapidement et devient presque insensible lorsque le projectile a parcouru quelques calibres de longueur d'âme; de sorte que les effets de la force motrice redeviennent à très-peu près les mêmes dans tous les cas, avant l'époque de l'entière combustion de la poudre, et il arrive que lorsqu'on hâte cette époque par l'emploi d'une poudre plus vive, on peut compenser, et au delà, les pertes qui résultent de l'allongement des charges; parce que les diminutions de tension, quoique très-fortes dans ces premiers instants, n'ayant lieu que pendant très-peu de temps, leur somme est inférieure à celle des augmentations subséquentes, plus petites, il est vrai, mais qui ont lieu pendant un temps beaucoup plus long.

Tous les effets précédents sont plus clairement exprimés par la figure de la planche donnant les courbes de tensions des gaz pour les différents cas des diverses poudres : les longueurs de l'âme sont comptées sur la ligne AB; le point A est l'emplacement primitif du projectile; les ordonnées de chaque courbe donnent les tensions des fluides pour chacune des positions successives du boulet, et par suite les efforts exercés contre l'âme et le projectile, tandis que l'aire comprise entre la courbe et l'axe AB donne une évaluation de la quantité d'action ou de travail qui a été développée sur ce projectile et qui lui a communiqué la vitesse dont il est animé.

Les courbes M appartiennent à la poudre des meules la plus offensive de celles qui ont été éprouvées à Esquerdes; on voit que les réductions proposées de la charge de $\frac{1}{3}$ du poids du boulet à $\frac{2}{7}$ et à $\frac{1}{4}$ diminuent sensiblement la quantité de travail et, par suite, la vitesse initiale, sans réduire ses fortes tensions dans le même rapport; tandis que, si on conserve la charge de $\frac{1}{3}$ en éloignant le boulet de 0,1 calibre de plus du fond de l'âme, on a la courbe M' $\frac{1}{3}$ qui appartient également à la poudre anglaise; les tensions sont de très-peu plus fortes qu'avec la charge de $\frac{1}{4}$ qui a été essayée, tandis que les vitesses ne sont diminuées que de $\frac{1}{40}$ de ce qu'elles étaient primitivement. En éloignant le boulet de 0,2 de calibre, on a la courbe M'' $\frac{1}{3}$, c'est-à-dire un peu plus de vitesse initiale et moins de tension qu'avec la moyenne des poudres des tonnes représentée par la courbe T $\frac{1}{3}$. En éloignant le boulet de 0,29 calibre de plus du fond de l'âme que dans les épreuves d'Esquerdes avec la même poudre la plus destructive, la courbe M''' $\frac{1}{3}$ indique qu'elle devient aussi inoffensive que l'ont été les poudres de Maromme et de Metz, dont les tensions sont représentées par la courbe P $\frac{1}{3}$. La vitesse initiale n'en est pas moins supérieure de 10 mètres à la moyenne de celle que ces poudres à pilons ont donnée; on aurait cette même vitesse initiale moyenne dont on est obligé de se contenter actuellement, en reculant le projectile de 0,40 de calibre de la position qu'il occupait dans les épreuves, et on aurait avec cette poudre brisante un effort maximum de $\frac{1}{12}$ moins fort qu'avec les poudres maintenant en usage; les tensions seraient alors représentées par la courbe M^{IV} $\frac{1}{3}$ (*).

(*) Ces résultats font connaître la véritable cause des plaintes faites contre le peu de résistance des mortiers tirés à chambre pleine, plaintes mal fondées du reste, en tant qu'elles étaient dirigées contre les fondeurs, et qui subsistèrent depuis l'époque où l'on commença à se dispenser de mettre une couche de terre sous les bombes, jusqu'au temps de Gribeauval;

Modifications à apporter dans le mode de chargement des canons.

Il n'y a pas de doute que les effets précédents ne soient la cause principale de la réussite du mode de chargement des canons de siége, que le Comité de l'Artillerie a fait exécuter à Douai en 1823 pour prolonger la durée du service de ces bouches à feu bien au delà du petit nombre de coups qu'ils peuvent tirer avec la méthode ordinaire. Les longs bouchons de foin employés étaient suffisamment résistants pour maintenir le boulet assez éloigné du fond de l'âme, malgré le refoulement, et ils étaient en même temps assez compressibles et perméables aux gaz pour leur permettre d'occuper un espace sensiblement plus grand que celui de la charge, de sorte que les choses se passaient presque comme dans le cas du vide supposé dans les calculs précédents. Il en serait à peu près de même toutes les fois qu'on emploierait des bouchons ou des sabots de matières très-compressibles et peu élastiques; mais alors une grande partie de la force expansive des gaz dans les premiers instants est perdue pour le projectile et employée à comprimer la matière interposée; tandis que si cette matière était très-élastique et ne commençait à être sensiblement compressible qu'aux tensions de 140 ou de 175 atmosphères qui sont à peu près celles des gaz à la bouche des canons de campagne tirés au tiers, et de siége tirés à moitié du poids du boulet, tout le travail employé à la comprimer jusqu'au maximum de tension serait restitué au boulet avant sa sortie de l'âme; ce corps interposé ne serait avantageux qu'autant qu'il satisferait encore à d'autres conditions: il

---

les mortiers à la Gomer ont remédié à cet inconvénient, ou plutôt y ont apporté un palliatif, en ne permettant pas à la charge de remplir complétement le vide en arrière de la bombe.

devrait être très-léger pour ne pas augmenter sensiblement la masse à mouvoir, et cependant sa longueur devrait être assez grande pour que sa compression sous le maximum de tension des gaz dépassât les quantités déterminées précédemment pour réduire convenablement leur densité dans les premiers instants. On voit qu'un fluide élastique, léger comme l'air, satisferait très-bien à une partie de ces conditions, qui dans la pratique exigeront des expériences spéciales pour déterminer directement la manière la plus avantageuse d'employer ce moyen pour la conservation des canons.

Ce mode de chargement conduit ainsi, tout en profitant des perfectionnements apportés à la fabrication de la poudre, à faire résister les pièces plus longtemps qu'elles ne le font à présent, sans diminuer les plus grandes portées données par les anciennes poudres; ou bien, si les pièces actuelles sont trouvées suffisamment résistantes, il permet d'augmenter d'une manière sensible les portées. Dans l'état actuel de l'Artillerie, il serait peut-être plus avantageux au service de profiter du premier moyen pour le tir des pièces de siége, dont les effets sont reconnus suffisants, et auxquelles on reproche généralement d'être dégradées promptement; le deuxième moyen remédierait au défaut de portées qu'on attribue souvent aux canons de campagne, qui d'ailleurs sont reconnus avoir une résistance suffisante.

On peut encore retirer, du mode de chargement précédent, des avantages beaucoup plus grands que ceux que nous avons indiqués, en augmentant les charges sans les rendre plus offensives. En effet, en continuant l'examen des expériences d'Esquerdes, nous voyons qu'avec les charges de moitié du poids du boulet, les tensions maxima ne sont pas augmentées de ce qu'elles étaient à la charge de $\frac{1}{3}$ dans la même proportion que les tensions qui ont lieu dans tout le reste de l'âme; de sorte qu'en réduisant sensiblement les premières par l'augmentation de l'espace en arrière du boulet, on ne diminue que faiblement les vitesses. C'est ainsi qu'en allongeant de 0,75 calibre la longueur de la charge de moitié du poids du projectile avec la poudre la plus énergique, on a le même effort maximum qu'avec la charge de $\frac{1}{3}$ des poudres des pilons placés à l'ordinaire, et 80 mètres de plus de vitesse initiale, ainsi qu'on peut le voir par la courbe M' $\frac{1}{2}$ qui représente les tensions dans ce cas des poudres vives. Il est vrai que ce moyen augmente la consommation de poudre, et par cette raison ne saurait convenir dans les circonstances ordinaires du service, à cause de la plus grande dépense qui en résulterait; mais il serait avantageux d'y recourir dans les cas particuliers qui exigent de grands effets et dans lesquels il est beaucoup plus économique de brûler un peu plus de poudre que de détruire les pièces.

En tirant les canons avec le chargement ordinaire, on a, avec des charges au-dessus du tiers du poids du boulet, des tensions énormes qui peuvent, pour certaines poudres, dépasser le double de celles que donnent habituellement les poudres des pilons; dans les épreuves d'Esquerdes, deux coups à $2^{k},50$ de poudre des meules ont produit un refoulement de 4^{ts} ($0^{mm},75$) dans un canon, et de 6 à 7^{ts} ($1^{mm},1$ à $1^{mm},3$) dans un autre. Chaque coup à 3^{k} a produit des refoulements de 5^{ts} ($0^{mm},9$) et de 7 à 8^{ts} ($1^{mm},3$ à $1^{mm},5$) dans un canon; et deux coups dans un autre l'ont fait gercer à l'extérieur, ainsi qu'on l'a vu, en produisant dans l'âme des refoulements de plus de 13 à 15^{ts} ($2^{mm},4$ à $2^{mm},7$), sur une longueur de l'âme de plus de 6 pouces ($0^{m},162$). Ces résultats, obtenus avec le chargement ordinaire, feraient renoncer entièrement à l'emploi des poudres énergiques dans le tir des bouches à feu, si l'on ne possédait aucun moyen d'empêcher ces énormes dégradations d'avoir lieu.

Conclusions.

Il résulte de tout ce qui précède :

1°. Que les poudres les plus énergiques peuvent être employées de manière à être plus inoffensives que ne le sont actuellement les poudres ordinaires, tout en conservant aux projectiles les mêmes vitesses initiales à charges égales ;

2°. Qu'en disposant des charges égales de manière à donner le même effort maximum contre les bouches à feu, les poudres les plus vives donnent des vitesses initiales supérieures à celles qu'on obtient avec les poudres en usage et qu'on ne peut dépasser impunément dans l'état actuel des choses ;

3°. Qu'on peut obtenir ainsi, ou moins de dégradations dans l'âme, ou plus d'effets sur le projectile, en augmentant les charges ordinaires en même temps qu'on change le mode de chargement ;

4°. Que dans l'état actuel de l'Artillerie, le premier moyen est le plus avantageux à employer dans le tir des canons de siége, qui n'ont pas actuellement une résistance suffisante ; le deuxième moyen conviendrait au tir habituel des bouches à feu de campagne, pour lesquelles on paraît généralement désirer une plus grande intensité de moyens : l'augmentation des charges, moins économique, mais plus efficace que les modes précédents, devrait être choisie de préférence dans les cas rares qui exigent l'emploi de moyens extraordinaires ;

5°. Que pour accroître les avantages précédents, il serait nécessaire de faire des essais dans le tir annuel des écoles, en variant en même temps le tassement de la charge, la longueur et le calibre de la gargousse, afin d'arriver au mode de chargement le plus avantageux au service et le plus favorable à la conservation des bouches à feu ;

6°. Que les essais de granulation faits jusqu'à présent ne

paraissent pas suffisants, et qu'il serait nécessaire de continuer sur les poudres des meules et sur celles des pilons, les épreuves qui furent faites à Esquerdes en 1826, 1827 et 1828 sur les poudres des tonnes;

7°. Que la distance du boulet au fond de l'âme des canons est aussi nécessaire à fixer que le poids de la charge, pour éviter des anomalies dans le tir ordinaire et surtout dans les épreuves de réception des produits des fonderies : il est indispensable de tenir compte de cette distance dans les expériences d'Artillerie, pour prendre des moyennes ou comparer des résultats;

8°. Que les expériences qui restent à faire pour comparer les produits des divers modes de fabrication de la poudre, sont analogues à celles que Rumford a faites à Munich, en 1793, sur une poudre de chasse; mais qu'il faut les faire avec plus de précision et les rendre plus complètes pour chaque espèce de poudre, en modifiant les appareils de manière à pouvoir mesurer l'agrandissement de l'espace occupé par les gaz, lorsque leur tension fait équilibre au poids comprimant, afin de mettre à profit toutes les données de chaque expérience; enfin en faisant varier et mesurant les températures auxquelles les parois intérieures de l'éprouvette sont élevées à chaque coup.

APPENDICE.

Les expériences indiquées dans le Mémoire précédent pour arriver au mode de chargement le plus favorable à la conservation des bouches à feu, ayant été ordonnées en 1834, il s'agissait de choisir, pour ces essais, les modes qui avaient le plus de chances de remplir, d'une manière convenable au service, la condition d'augmenter la distance du boulet au fond de l'âme d'une quantité déterminée d'après les considérations exposées dans ce Mémoire. Le moyen qui parut le plus simple fut celui d'allonger le cylindre de la charge; cela était facile à exécuter en diminuant le diamètre intérieur de la gargousse, et si l'expérience signalait des inconvénients à l'augmentation du vent de la charge, il se présentait plusieurs manières d'y remédier. Ce moyen fut donc employé à Metz, en 1834 et en 1837 :

1°. Sur un canon de 24, le *Ney*, qui tira 114 coups, dont 66 à la charge de moitié du poids du boulet, sans avoir plus de $5^{ts}\frac{3}{4}$ (1^{mm},1) de logement, et sur un canon de 16, le *Saint-Cyr*, qui tira 118 coups, dont 85 à la charge de moitié, sans avoir plus de $6^{ts}\frac{1}{2}$ (1^{mm},2) de logement;

2°. Sur deux canons de 24, le *Dubreton* et le *Bolivar*, qui tirèrent 50 coups chacun, à la charge du tiers, avec des poudres brisantes, moitié des coups avec le chargement ordinaire et moitié avec le chargement allongé, lequel produisit cinq fois moins de dégradations que le premier;

3°. Sur trois canons de 24, l'*Ordner*, le *Washington* et l'*Éclat*, qui tirèrent chacun 200 coups à la charge du tiers, avec des poudres des pilons et de la poudre des tonnes du Bouchet, dite des nouveaux procédés, et qui n'éprouvèrent pas plus de $2^{ts}\frac{1}{2}$ (0^{mm},5) de logement;

4°. Sur dix canons de 24 tirés comparativement avec dix espèces de poudre des différents procédés de fabrication, à la charge de moitié, et qui éprouvèrent cinq fois moins de dégradations avec le chargement allongé qu'avec le chargement ordinaire.

Enfin de grandes expériences comparatives sur les modes de chargement des canons de 24 ayant été exécutées à Douai, en 1838 et 1839, à la charge du tiers, la gargousse allongée fut employée :

1°. Dans deux canons, le *Douglas* et le *Dorsenne*, qui tirèrent chacun 3761 coups, sans perdre leur justesse de tir, et qui furent jugés pouvoir encore tirer de 600 à 1 200 coups avant d'être mis hors de service;

2°. Dans deux canons, le *Tristan l'Hermite* et le *Crussol*, qui tirèrent chacun 1 000 coups et qui eurent une résistance et une justesse de tir égales à celles des deux pièces précédentes pendant le même nombre de coups.

RÉSUMÉ

DES

EXPÉRIENCES COMPARATIVES FAITES A METZ EN 1836 ET 1837,

SUR LES

POUDRES DE GUERRE

DES DIFFÉRENTS PROCÉDÉS DE FABRICATION (1).

Dans les premiers temps, la poudre de guerre fut fabriquée à la main, en triturant les matières avec un pilon dans des mortiers ordinaires; mais la longueur de l'opération et la grande quantité de poudre consommée dans les énormes bouches à feu dont on se servit bientôt après, obligèrent d'employer des machines pour la trituration des composants de ce mélange. Ces machines furent d'abord mues à bras d'hommes, puis elles furent mises en mouvement au moyen de chevaux ou dans des usines à eau. Il y avait des moulins à poudre en Allemagne en 1340 et 1344, et des moulins à pilons semblables à ceux dont on se sert encore aujourd'hui, existaient déjà en 1435; ils se répandirent partout pendant la fin du même siècle, et depuis ils ont été généralement employés. Cependant, vers la même époque, on essaya de fabriquer la poudre en se servant de meules disposées comme celles des moulins à huile; on fit alors peu d'usage de ce procédé, à cause des dangers d'explosion

(1) On a inséré dans le nº IV du *Mémorial de l'Artillerie* un Mémoire sur les effets des poudres des différents procédés de fabrication, qui contient, page 221, un résumé des épreuves faites sur ces poudres à Esquerdes en 1831 et 1832.

qu'il présentait; mais on y revint plus tard, en diminuant les chances d'accidents, par l'humectation de la composition; 100 livres (50 kilogrammes) de matières étaient triturées à la fois sous des meules de 4 pieds (1m,30) de diamètre et de 1 pied (0m,325) d'épaisseur. Les poudreries de Hollande, dont les produits étaient renommés dans le dernier siècle, avaient conservé l'usage des meules en marbre noir de 2m,43 de diamètre et du poids de 5 000 kilogrammes.

Quoiqu'il existât depuis 1754, à la poudrerie d'Essonne, un moulin à meules pour la fabrication spéciale d'une poudre particulière, les poudres ne furent généralement fabriquées en France qu'au moyen de pilons, jusqu'à l'époque des guerres de la Révolution; mais alors la fabrication ne pouvant suffire à la consommation, pour accélérer la trituration des matières qui, depuis l'ordonnance de 1686, restaient généralement de vingt et une à vingt-quatre heures sous les pilons, on l'opéra au moyen de gobilles dans des tonnes ayant un mouvement de rotation; les besoins de la guerre ayant cessé, on revint aux pilons, dont les produits se conservent pendant des siècles, sans perdre aucune de leurs propriétés; ce fait, déjà connu au milieu du XVIe siècle, a été constaté de nouveau; des poudres fabriquées en 1640 et en 1689 ont été trouvées aussi fortes que les poudres actuelles.

Une combinaison ingénieuse des procédés de fabrication qui avaient servi pendant les guerres de la Révolution, et l'emploi de charbon distillé roux ayant produit vers 1825 des poudres de chasse d'une qualité bien supérieure à celle des pilons et au moins égale à celle des meilleures poudres étrangères, on crut pouvoir obtenir les mêmes améliorations pour les poudres de guerre, en employant les nouveaux procédés de fabrication. Mais ces poudres, mises en service dans une école d'Artillerie, détériorèrent promptement plusieurs canons de campagne et même en firent éclater un.

Pour constater de nouveau ces effets et en déterminer les causes, on fit à Vincennes, en 1827 et 1828, des expériences comparatives avec des poudres rondes à charbon noir et à charbon roux, avec des poudres anguleuses à charbon noir, fabriquées soit avec des tonnes et des presses, soit avec des pilons. Toutes ces poudres, la dernière exceptée, ont produit dans les canons de campagne des dégradations considérables, souvent après un petit nombre de coups, tandis que la poudre ordinaire des pilons n'a occasionné, après les mêmes nombres de coups, aucune altération sensible dans l'âme des canons.

Par suite des résultats de ces expériences, le ministre de la Guerre décida, le 30 novembre 1828, que les poudreries du Bouchet, d'Angoulême et d'Esquerdes, dans lesquelles on employait exclusivement les nouveaux procédés, cesseraient, jusqu'à nouvel ordre, de confectionner des poudres de guerre, et que ces poudres continueraient à être fabriquées par les pilons dans les autres poudreries. Mais cette mesure provisoire, qui affectait un certain nombre de poudreries à la seule fabrication des poudres de chasse, ne pouvait se prolonger sans inconvénient pour le service. D'un autre côté, il était nécessaire de résoudre la question de savoir s'il fallait revenir exclusivement aux anciens procédés, s'en tenir aux anciennes poudres, détruire les nouvelles machines et rétablir partout les pilons. D'ailleurs avec les nouveaux procédés, la carbonisation du bois se faisant dans des vases clos, mode plus économique et donnant des résultats plus constants que celui des chaudières et des fosses, il était convenable d'essayer l'emploi du charbon noir ainsi obtenu, pour la fabrication des poudres de guerre, et de voir si avec les nouvelles machines il ne donnerait pas de bonnes poudres aussi inoffensives que les poudres des pilons. En conséquence, le ministre décida, le 4 juillet 1829, sur la proposition du Comité de l'Artillerie :

1°. Qu'il serait fabriqué dans chacune des poudreries d'Angoulême, du Bouchet et d'Esquerdes, 2 000 kilogrammes de poudre à canon, au moyen des tonnes de trituration et de la presse hydraulique, en employant du charbon distillé noir, et en donnant aux matières à grener une densité de 1,500, celle de l'eau étant 1,000, et aux grains une grosseur d'environ 300 au gramme;

2°. Que 2 000 kilogrammes de poudre seraient fabriqués dans chacune des poudreries du Ripault, de Metz et de Maromme, au moyen des pilons, en employant du charbon noir préparé dans des vases ouverts, et en donnant au grain la même grosseur que ci-dessus;

3°. Que ces poudres anguleuses et au dosage ordinaire de guerre seraient éprouvées comparativement, dans le double but de reconnaître celles qui impriment le plus de vitesse initiale au projectile et celles qui sont le plus susceptibles de détériorer les bouches à feu en bronze : la première de ces propriétés devant être constatée au moyen du pendule balistique à canon, et la seconde par le tir suffisamment prolongé d'un certain nombre de bouches à feu.

Des programmes de fabrication furent envoyés dans chacune de ces poudreries, afin d'obtenir des résultats aussi comparables que possible. On ajouta ensuite deux autres poudres à celles qui ont été désignées ci-dessus : l'une fabriquée à Esquerdes au moyen des meules pesantes, avec du charbon distillé roux et d'après le procédé usité en Angleterre, et l'autre poudre tirée de ce pays.

Ces poudres furent soumises, en 1831, à Esquerdes, par les soins d'une Commission nommée à cet effet, à des épreuves comparatives, dans le but de reconnaître celles qui offraient le plus de chances de conservation et celles qui avaient le plus de force dans les bouches à feu.

Après ces premières épreuves, il devait en être fait d'autres à Douai pour reconnaître, par le tir prolongé d'un certain nombre de canons, celles de ces poudres qui sont le plus susceptibles d'altérer les bouches à feu en bronze. Mais ces épreuves n'eurent pas lieu, attendu que, lorsque la Commission d'Esquerdes eut terminé les expériences dont elle était chargée, le ministre nomma, le 22 août 1832, une autre Commission chargée de présenter :

1°. Un tableau raisonné des expériences d'Esquerdes et des résultats obtenus ;

2°. Les observations les plus importantes auxquelles ces expériences pouvaient donner lieu, ainsi que les conséquences à en déduire ;

3°. Les propositions qui paraîtraient utiles pour atteindre le but qu'on avait eu en vue, en entreprenant lesdites expériences.

Cette Commission examina avec soin les résultats des expériences d'Esquerdes, et en donna ainsi l'analyse succincte dans son rapport en date du 9 février 1833 :

« Les expériences faites en deux séries qui comprennent les mêmes épreuves, avaient pour but principal de comparer les poudres faites au moyen des pilons et celles qui sont faites au moyen des tonnes de trituration et de la presse hydraulique. Les poudres des pilons sont moins denses que celles des presses hydrauliques, et elles sont un peu plus sensibles aux influences de l'atmosphère. Elles ont donné plus de poussier aux épreuves de résistance par le voyage. Les portées au mortier éprouvette sont à peu près les mêmes ; les vitesses initiales obtenues au canon de 12 de campagne avec les poudres des presses, sont plus fortes que celles des poudres des pilons. Dans la première série d'expériences, dans laquelle les boulets ont été tirés étant ficelés dans le sens de trois grands cercles perpendiculaires entre eux, les poudres des pilons ont eu un avantage très-prononcé relativement à la régularité des vitesses obtenues. Dans la deuxième série, dans laquelle on a fait usage de cartouches à boulet, les poudres ont été à peu de chose près également régulières dans leurs effets. »

La Commission trouva que ces principaux résultats des expériences n'étaient pas suffisamment concluants et qu'ils ne pouvaient servir à établir les avantages d'un procédé sur l'autre.

Les poudres des meules furent les plus denses, les plus résistantes au voyage et les plus fortes de toutes au canon de 12; mais elles attirèrent bien plus fortement l'humidité de l'air que les poudres des tonnes et que celles des pilons. La poudre des meules faite à Esquerdes donna de très-faibles portées au mortier éprouvette, tandis que la poudre anglaise eut des portées égales à celles des meilleures poudres.

Après l'examen du travail fait à Esquerdes, la Commission n'a pu reconnaître ce qu'il y aurait à faire, soit aux machines des divers procédés de fabrication, soit à la manière de les employer, pour éviter ou atténuer les causes des effets brisants. Elle fut d'avis, relativement à la suite à donner aux expériences de 1831, « que le tir prolongé d'un certain nombre de bouches à feu, qui devait être exécuté à Douai pour comparer l'effet brisant des diverses poudres des expériences de 1831, ne devait pas avoir lieu ; parce qu'il faut rendre les expériences incontestables en ne comparant que des poudres qui ne diffèrent entre elles que dans le seul point mis en question, et que ces poudres diffèrent non-seulement sous le rapport des procédés qu'il s'agissait de comparer, mais encore par la nature des charbons, etc., parce que la première partie n'ayant pas donné des résultats suffisamment concluants, la deuxième, si elle était exécutée, en donnerait probablement de semblables. »

Enfin, la Commission proposa de faire plusieurs séries d'expériences pour comparer entre eux les produits des différents procédés de fabrication, en faisant varier la durée du battage et de la trituration, la pression de la presse hydraulique, le poids des meules, la forme, la grosseur et la pesanteur spécifique des grains, le mode et le degré de carbonisation. Ces divers éléments devant être combinés avec l'objet des autres recherches, les résultats des expériences ne pouvaient être préjugés à l'avance, et comme ils pouvaient en rendre d'autres nécessaires, on se réservait d'en proposer de supplémentaires.

Ainsi, la Commission chargée de faire les propositions qui lui paraîtraient utiles pour reconnaître quelles sont celles des poudres des anciens procédés (pilons), ou des poudres des nouveaux procédés (tonnes et presses), qui ont le plus de force, et quelles sont celles qui sont le plus susceptibles de détériorer les bouches à feu en bronze, fut d'avis de ne pas faire les épreuves de tir pour constater les dégradations des canons; et, mettant de côté tout ce qui avait été fait jusqu'alors, elle voulait embrasser l'ensemble de toutes les questions relatives à la fabrication de la poudre. Aussi le Comité de l'Artillerie, ayant examiné ce travail, trouva que la Commission n'était pas dans la bonne voie, et qu'au contraire la marche qu'elle proposait, loin d'aplanir les difficultés, tendait à les multiplier et rendait la solution encore plus difficile; en conséquence il proposa d'ajourner les recherches d'améliorations à apporter à la fabrication par les nouveaux procédés.

La question la plus importante pour le service étant celle d'avoir la poudre qui satisfait le mieux à la condition de procurer la plus grande force balistique compatible avec la résistance des bouches à feu et d'être susceptible d'une bonne conservation, on dut prendre pour point de départ et pour terme de comparaison pour les produits de tous les modes de fabrication, les poudres anciennes qui existent encore dans quelques places, où elles sont restées pendant plus d'un siècle dans un parfait état de conservation, et dont les portées sont généralement supérieures à celles des poudres d'une date plus récente, fabriquées comme elles par le procédé des pilons. Partant de ce type, le Comité proposa, dans son rapport en date du 14 juin 1833, de chercher à reproduire ces anciennes poudres qui offrent tous les caractères d'une bonne poudre de service, en observant les mêmes conditions et procédés de fabrication que ceux à l'aide desquels on avait obtenu les meilleures poudres anciennes existantes, et de faire des épreuves comparatives de ces poudres types et de la poudre faite à leur imitation, avec les poudres actuelles des pilons de onze heures de battage, les diverses poudres fabriquées par les nouveaux procédés et avec les meilleures poudres de guerre anglaises. En conséquence, le Comité indiqua le programme de fabrication de la poudre confectionnée conformément aux anciens procédés et celui des épreuves comparatives des diverses poudres.

Le ministre de la Guerre ayant approuvé ces dispositions le 29 mai 1834, et prescrit leur mise à exécution, la construction d'un moulin à pilons fut entreprise à la poudrerie du Bouchet, et le pendule à canon d'Esquerdes dut y être envoyé; mais différentes circonstances ayant retardé l'accomplissement de ces mesures destinées à amener la solution d'une question qu'il était d'une grande importance, pour le bien du service, de voir terminer promptement, M. le directeur du service des poudres proposa au ministre, le 3 juillet 1835, et le ministre approuva le 18 du même mois :

1°. De faire faire à l'école d'Artillerie de Metz les épreuves qui devaient avoir lieu au Bouchet, conformément au programme du Comité de l'Artillerie, approuvé par le ministre, le 29 mai 1834;

2°. D'exécuter les diverses opérations, soit préliminaires, soit constituant les épreuves, indiquées dans ce programme, en se bornant à y ajouter celles dont l'utilité pourrait être jugée nécessaire, telles que celles de rapidité de combustion, de tension des gaz et autres relatives aux effets du mode de chargement sur la conservation des bouches à feu, dont la proposition a été développée dans divers Mémoires (1) du capitaine Piobert, l'un des membres de la Commission des principes du tir de l'école de Metz, proposition qui a obtenu l'approbation du ministre, qui a ordonné de comprendre ces expériences dans le travail de cette Commission; de faire en même temps les épreuves du tir prolongé pour constater comparativement les effets des différentes poudres sous le rapport des dégradations des bouches à feu, pour remplacer les expériences proposées pour l'école de Douai;

3°. De faire fabriquer à la poudrerie de Metz la poudre modèle imitée de l'ancienne poudre conservée et qui devait être fabriquée au Bouchet;

4°. De faire exécuter immédiatement pour la même poudrerie un canon pendule et un pendule balistique;

5°. Enfin, de réunir à Metz, pour être soumis aux expériences comparatives dont il s'agit:

1000 kilogrammes de poudre à canon de très-ancienne fabrication, qui sont déposés à Vincennes;

1000 kilogrammes de poudre à canon, à fabriquer par la poudrerie de Metz à l'imitation de la poudre très-ancienne et désignée ci-dessus comme poudre modèle;

1000 kilogrammes de poudre à canon, au dosage de 75 salpêtre, 10 soufre et 15 charbon, fabriqués par le procédé des meules à Esquerdes;

1000 kilogrammes de poudre à canon, au dosage de 76, 11 et 13, fabriqués également par le procédé des meules à Esquerdes;

---

(1) Le Mémoire relatif au mode de chargement à adopter pour la conservation des bouches à feu, et qui fut adressé au ministre en novembre 1833, a été inséré dans le n° IV du *Mémorial de l'Artillerie*, page 217.

1000 kilogrammes de poudre à canon, au dosage ordinaire de 75, 12 ½ et 12 ½, à fabriquer aussi par les meules à Esquerdes;

1000 kilogrammes de poudre à canon au dosage ordinaire, à fabriquer à Angoulême par le procédé des tonnes et du laminoir;

1000 kilogrammes de poudre à canon, à prendre sur celles déjà envoyées à Metz et provenant de la fabrication des tonnes et presses au Bouchet;

1000 kilogrammes de poudre à canon de la fabrication ordinaire et courante de la poudrerie de Metz; procédé des pilons;

La poudre anglaise que l'on pourrait se procurer.

Ces différentes espèces de poudre ayant été confectionnées, puis réunies à Metz vers la fin du mois de mars 1836, on dut, conformément aux ordres du ministre, procéder aux épreuves comparatives de ces poudres de diverses fabrications. Le capitaine Piobert, qui s'était beaucoup occupé de ce genre de recherches, fut chargé de diriger les expériences dont les résultats font l'objet du présent travail.

Vu la difficulté de se procurer de la poudre de guerre fabriquée en Angleterre, cette poudre fut remplacée par une poudre de guerre fabriquée à Esquerdes en 1831, d'après les procédés anglais, et dont 300 kilogrammes avaient été expédiés de Douai à Metz, en décembre 1834, sur la demande de la Commission des principes du tir, pour des expériences sur la dégradation des bouches à feu.

Postérieurement à cette décision, mais dès le commencement des expériences, M. le directeur du service des poudres envoya à Metz 200 kilogrammes de poudre de guerre fabriquée au Bouchet, pour en faire l'épreuve en même temps que celle des précédentes.

Les poudres de différentes espèces qui furent éprouvées comparativement, furent ainsi au nombre de dix : trois fabriquées par le procédé des pilons, à onze et vingt-quatre heures de battage; trois autres fabriquées par les tonnes de trituration et mises en galettes au moyen de la presse hydraulique, du laminoir ou des meules légères; et enfin les quatre dernières fabriquées par le procédé des meules, l'une au dosage ordinaire de guerre 75, 12 $\frac{1}{2}$ et 12 $\frac{1}{2}$ et avec charbon noir, comme toutes les précédentes; une autre aussi au dosage de guerre, mais avec charbon roux, ainsi que les deux dernières poudres qui étaient fabriquées respectivement, l'une avec le dosage 75, 10 et 15, en usage en Angleterre, et l'autre avec le dosage de 76, 11 et 13, lequel se rapproche de celui qui est adopté depuis peu de temps en Prusse, comme satisfaisant à la condition de saturer les produits de la décomposition de la poudre, et diffère très-peu de l'ancien dosage de la poudre à canon en usage en France dans le XVIe siècle, 7, 1 et 1 $\frac{1}{4}$ ou 75,7, 10,8 et 13,5. Le tableau suivant présente le signalement de ces diverses espèces de poudre tel qu'il résulte des renseignements fournis par les établissements ou les lieux de fabrication.

Désignation des poudres éprouvées comparativement à Metz, en 1836 *et* 1837, *en exécution de l'ordre ministériel du* 18 *juillet* 1835.

Désignation par une lettre.	Dosage.	Procédé de fabrication.		Nom de la poudrerie.	Année de la fabrication.	Portées au mortier éprouvette.	Numéros des barils.	Nombre de grains au gramme.	Espèce de grains.	Densité gravimétrique.
		Temps de la trituration.	Désignation de l'usine et du charbon.							
A	$75.12\frac{1}{2}\,12\frac{1}{2}$	24^h	pilons, charbon noir	inconnu...	1712	″	1	960	inégal........	913
							7	530	égal........	912
					1720	$209^m,5$	13	1302	égal........	932
							14	1390	inégal........	912
							15	2060	inégal........	927
							20	1280	inégal........	935
					1721	$172^m,17$	11	860	inégal........	952
					1724	$197^m,60$	3	441	égal........	883
							18	1300	égal........	923
					1725	$200^m,7$	5	1348	inégal........	927
							9	837	égal........	890
							10	541	égal........	890
							19	610	égal........	930
					1726	$203^m,95$	4	415	égal........	880
							12	458	egal........	880
							16	412	égal........	930
							17	1209	inégal........	902
					1727	$208^m,25$	21	1220	inégal........	925
					1728	$210^m,55$	2	1500	inégal........	855
							6	950	inégal........	952
							8	402	égal........	890
B	$75.12\frac{1}{2}\,12\frac{1}{2}$	24^h	pilons, charbon noir	Metz......	Janv. 1836	$232^m,40$	″	550	lissé $4^h\frac{1}{2}$......	935
C	75.10.15	4^h	meules, charb. roux	Esquerdes.	1835	$182^m,33$	″	199	lissé........	921
D	76 11.13	4^h	meules, charb. roux	Esquerdes.	1835	$201^m,75$	″	292	lissé........	915
E	$75.12\frac{1}{2}\,12\frac{1}{2}$	4^h	meules, charb. noir	Esquerdes.	1835	$216^m,40$	″	262	lissé........	857
F	$75.12\frac{1}{2}\,12\frac{1}{2}$	$3^h\frac{1}{2}$	tonnes, charbon noir	Angoulême	1835	$198^m,66$	″	300	lissé 3^h.......	924
G	$75.12\frac{1}{2}\,12\frac{1}{2}$	″	tonnes, charbon noir	Le Bouchet	1830	$242^m,0$	″	353	non lissé......	851
H	$75.12\frac{1}{2}\,12\frac{1}{2}$	11^h	pilons, charbon noir	Metz......	Janv. 1836	$234^m,4$	″	412	non lissé......	832
K	$75.12\frac{1}{2}\,12\frac{1}{2}$	$3^h\frac{1}{2}$	meules, charb. roux	Esquerdes.	1831	$213^m,8$	″	285	demi-lissé.....	920
L	$75.12\frac{1}{2}\,12\frac{1}{2}$	$8^h\frac{1}{2}$	tonn. et meul. légères	Le Bouchet	1836	$238^m,0$	″	″	inégal, lissé 2 h.	877

PREMIÈRE PARTIE.

CARACTÈRES PHYSIQUES DES POUDRES.

Dureté des grains.

Transport au pas. — Toutes les poudres, excepté B et H fabriquées à Metz, ayant été transportées au pas sur des voitures ordinaires et pendant une route de plus de 100 lieues, pour arriver au lieu de leur destination, leurs grains avaient été soumis à une première épreuve de dureté qu'il était nécessaire de faire subir aux poudres qui n'avaient pas voyagé, afin de les mettre toutes dans les mêmes circonstances. En conséquence, les 2000 kilogrammes des poudres des pilons B et H voyagèrent sur les grandes routes et parcoururent en vingt jours 456 kilomètres.

100 kilogrammes de chaque espèce de poudre ayant alors été époussetés, les poudres lissées ne donnèrent point de poussier, tandis que la poudre non lissée en donna beaucoup, ainsi que le constatent les résultats inscrits dans le tableau suivant :

Quantité de poussier produit par le transport au pas, sur 100 parties de poudre.

POUDRE.	A^3	A^{16}	B	C	D	E	F	G	H	K	L
État du grain.......	peu lissé	peu lissé	lissé	lissé	lissé	lissé	lissé	peu lissé	non lissé	lissé	en partie lissé
Quantité de poussier	0,353	0,30	0	0	0	0	0	0,166	1,544	0	0,73

NOTA. Le chiffre placé près de la lettre A indique le numéro du baril.

Transport au trot. — Pour compléter cette épreuve de dureté des grains, 50 kilogrammes de chaque espèce de poudre époussetée ont été transportés au trot sur des routes pavées ou en mauvais état, et ont parcouru en sept jours 204 kilomètres. Les poudres lissées n'ont donné en général qu'une très-faible quantité de poussier, tandis que la poudre non lissée en a donné beaucoup. Les résultats de l'époussetage sont indiqués dans le tableau suivant :

Quantité de poussier produit par le transport au trot, sur 100 *parties de poudre.*

POUDRE.	A^4	B	C	D	E	F	G	H	K
État du grain.........	peu lissé	lissé	lissé	lissé	lissé	lissé	peu lissé	non lissé	lissé
Quantité de poussier..	0,450	0,037	0,034	0,154	0,048	0,018	0,112	1,300	0,020

Descente sur un plan incliné. — Enfin toutes les poudres ont été soumises à l'épreuve de dureté prescrite par l'*Instruction supplémentaire pour les épreuves des différentes espèces de poudres.* 8 kilogrammes de chaque poudre placés dans un baril de la contenance de 12 kilogrammes, et celui-ci dans un autre de 50, furent roulés sur une longueur de 1 000 mètres d'un plan incliné de 15 degrés à l'horizon et garni de tasseaux de mètre en mètre. La quantité de poussier produit par les chocs réitérés, qui a été de $\frac{1}{50}$ de la poudre non lissée, a été beaucoup moindre pour les poudres lissées, ainsi qu'on le voit dans le tableau suivant :

Quantité de poussier produit par la descente sur un plan incliné, sur 100 parties de poudre.

POUDRE.	A^3	A^{16}	B	C	D	E	F	G	H	K	L
État du grain.......	peu lissé	peu lissé	lissé	lissé	lissé	lissé	lissé	peu lissé	non lissé	lissé	lissé
Quantité de poussier	0,54	0,14	0,04	0,10	0,16	0,025	0,11	0,24	1,98	0,04	0,135

En ne considérant que les poudres complétement lissées, pour écarter l'influence du plus ou moins de lissage et comparer les grains sous le rapport de la dureté de leur galette, on voit que les poudres B et E, à charbon noir et au dosage ordinaire, ont l'avantage sur toutes les autres, quel que soit le procédé de fabrication, et que la poudre des meules D à charbon roux et au dosage 76, 11 et 13, quoique la plus dense de toutes, est celle dont le grain est le moins dur.

La médiocre quantité de poussier donné dans toutes les circonstances par la poudre peu lissée G des tonnes et presses, et dont la densité diffère peu de celle des poudres ordinaires, montre que pour remédier à l'inconvénient de l'énorme quantité de poussier fourni par celles-ci, il suffirait de leur donner un léger lissage dont il existe encore des traces à la surface des grains des poudres anciennes.

Grosseur des grains.

Quantité de grains de chaque grosseur. — Les différentes poudres, quoique toutes à canon, contenaient plus ou moins de grains à mousquet, et quelques-unes avaient une assez grande quantité de grains de chasse; pour évaluer les quantités de grains de chaque grosseur, toutes les poudres qui avaient été soumises aux trois épreuves de dureté par le transport au pas et au trot et par la descente sur un plan incliné, furent égalisées, c'est-à-dire que les grains furent séparés par grosseur de trois espèces, au moyen des surégalisoirs de chasse et de mousquet. Les poudres des meules et des tonnes se trouvèrent composées en très-grande partie de grains à canon et d'environ $\frac{1}{7}$ en poids de grains à mousquet pour les poudres des meules, et de $\frac{1}{5}$ pour celles des tonnes. Les poudres des pilons de fabrication récente et une partie des poudres anciennes avaient environ $\frac{1}{3}$ de grains à mousquet et $\frac{1}{15}$ de grains de chasse : l'autre partie des poudres anciennes avait jusqu'à $\frac{1}{6}$ de grain de chasse, et enfin la poudre des tonnes et meules légères avait un poids de grains de chasse égal à celui des grains à canon et moitié de celui des grains à mousquet.

Sur 100 parties de poudre de chaque espèce, on a obtenu pour chaque perce les quantités de grains, en poids, indiquées dans le tableau suivant :

Poids des grains de chaque grosseur contenus dans 100 parties de poudre.

Grains. — Poudre.	au-dessus de $1^{mm},40$ de diamètre.			de $1^{mm},40$ à 1 millimèt. de diamètre.			au dessous de $1^{mm},0$ de diamètre.			OBSERVATIONS.
	transportée		roulée sur le plan incliné.	transportée		roulée sur le plan incliné.	transportée		roulée sur le plan incliné.	
	au pas.	au trot.		au pas.	au trot.		au pas.	au trot.		
A^3	70,0	"	65,0	29,0	"	32,8	1,0	"	2,2	
A^4	"	52,3	"	"	42,4	"	"	5,3	"	
A^{16}	51,2	"	51,1	33,0	"	32,6	15,8	"	16,3	
B	58,8	60,3	57,0	35,0	33,5	35,8	6,2	6,2	7,2	
C	90,4	91,3	86,7	9,4	8,6	13,0	0,2	0,1	0,3	
D	84,5	83,9	81,4	15,0	15,4	17,7	0,5	0,7	0,9	
E	84,8	84,5	83,3	15,1	15,3	16,3	0,1	0,2	0,4	
F	78,3	81,1	75,6	21,5	18,8	24,2	0,2	0,1	0,2	
G	77,7	79,8	78,2	21,8	19,7	21,2	0,5	0,5	0,6	
H	62,1	63,1	56,5	31,7	30,5	36,9	6,2	6,4	6,6	
K	86,0	84,9	82,6	14,0	15,0	17,3	0,0	0,1	0,1	
L	28,0	"	23,8	45,5	"	46,5	26,5	"	29,7	

Les résultats obtenus dans les diverses circonstances ne sont pas assez réguliers pour en conclure la dureté des grains de chaque poudre, comme on l'a fait avec les poussiers.

Nombre de grains au gramme. — Les quantités inégales de grain de chaque grosseur, contenus dans les différentes poudres, rendent très-variable le nombre de grains formant un certain poids de chaque échantillon; les poudres des meules étant très-denses et contenant beaucoup de gros grains, ne donnent qu'un très-petit nombre de grains au gramme; les poudres des tonnes en contiennent un peu plus, mais moins que les poudres des pilons; enfin la poudre des tonnes et meules légères en contient un très-grand nombre, supérieur même à celui des poudres à mousquet.

Le nombre de grains de même grosseur des différentes poudres contenus dans un poids donné varie également à cause des différences de forme et de densité des grains; mais ces variations sont nécessairement renfermées dans des limites moins étendues que pour les poudres à tous grains.

Le nombre de grains contenus dans un gramme de chaque espèce de poudre et de chaque grosseur de grains a été compté dans un poids décuple, et les résultats obtenus sont consignés dans le tableau suivant:

Nombre de grains contenus dans un gramme de chaque espèce de poudre et de chaque grosseur de grain.

Grains. — Poudre.	de toutes grosseurs			au-dessus de 1mm,40 de diamètre			de 1mm,40 à 1 millimètre de diamètre			au dessous de 1 millimètre de diamètre.			Moyenne pour la poudre de tous grains.	Nombre de grains trouvés à la réception.
	transportée		roulée sur le plan incliné.	transportée		roulée sur le plan incliné.	transportée		roulée sur le plan incliné.	transportée		roulée sur le plan incliné.		
	au pas.	au trot.		au pas.	au trot.		au pas.	au trot.		au pas.	au trot.			
A^3	416,8	"	482,0	212,0	"	215,5	728,4	"	186,6	1511,0	"	1786,5	443	441
A^4	"	429,5	"	"	278,0	"	"	718,4	"	"	2151,0	"	429	415
A^{16}	702,6	"	777,3	255,5	"	270,9	793,0	"	924,0	2302,0	"	2665,0	740	412
B	490,2	423,0	577,8	233,0	229,6	211,5	672,0	729,0	592,8	2308,5	2432,5	2113,5	497	550
C	189,8	172,0	268,5	181,6	144,6	153,2	680,8	583,4	601,0	2616,0	2335,0	1658,5	210	199
D	254,0	239,0	297,8	183,6	185,2	177,1	710,0	652,4	664,6	1568,5	2010,0	2003,0	263	292
E	244,5	263,0	321,8	199,0	184,7	203,6	610,4	611,6	620,6	"	2291,0	2483,5	276	262
F	262,3	305,5	338,0	222,0	240,0	195,4	570,4	597,0	548,8	1457,5	1697,5	1370,0	302	"
G	339,3	399,1	377,0	269,0	300,9	292,0	673,0	692,0	641,4	3065,0	2854,0	1718,5	362	353
H	448,5	570,0	579,5	222,5	257,5	237,8	744,0	804,8	813,8	2331,0	1540,0	1803,5	533	412
K	285,1	280,4	320,1	244,9	233,0	227,6	535,0	614,4	555,4	"	"	1955,5	295	285
L	1147,5	"	"	223,0	"	202,4	762,0	"	693,4	2302,0	"	2251,0	1147	877

4.

Hygrométricité des poudres.

Alternatives de sécheresse et d'humidité. — La poudre étant conservée dans des magasins qui contiennent presque toujours un peu d'humidité, et étant placée quelquefois sur des voitures qui ne les préservent pas complétement du contact de l'air et surtout des alternatives de sécheresse et d'humidité, il est nécessaire qu'elle change le moins possible dans ces diverses circonstances qu'on ne peut éviter dans le service de guerre. Pour comparer les diverses poudres sous ce rapport, un kilogramme de chacune d'elles a été exposé successivement au soleil pendant trois ou quatre heures, et dans une salle un peu humide pendant deux ou trois jours. Les pertes et les gains en poids ont montré que les poudres qui contiennent le plus de charbon absorbent et perdent aussi le plus d'humidité; les deux poudres des pilons de fabrication récente ont été les moins sensiblement affectées par ces expositions successives, qui ont commencé le 11 mai 1836 et ont fini le 1er juin suivant. Les quantités d'humidité perdues ou gagnées ont été pesées à chaque changement de position; leurs sommes et leurs moyennes sont exprimées en grammes dans le tableau suivant:

Quantités d'eau perdues ou gagnées, dans des alternatives de sécheresse et d'humidité, par 1000 parties de chaque espèce de poudre exposée à l'air, à neuf reprises différentes après avoir été séchée.

POUDRE.	Somme des pertes.	Somme des gains.	Pertes moyennes.	Gains moyens.
A	88,5	86,5	9,8	9,6
B	66	61	7,3	6,7
C	102	100	11,3	11,1
D	81	82	8,9	9,0
E	75	74	8,3	8,2
F	70	68	7,8	7,5
G	77	79	8,5	8,7
H	65	63	7,2	7,0
K	88	83	9,8	9,2

Séjour dans les lieux humides. — Les poudres de guerre étant exposées à être transportées et employées par des temps et dans des lieux très-humides, il est important qu'elles ne soient pas détériorées lorsque ces circonstances se prolongent. Pour comparer les diverses poudres sous ce rapport, on a exposé un échantillon de chacune d'elles dans une atmosphère saturée d'humidité, ainsi qu'il est prescrit pour l'épreuve d'hygrométricité, dans l'*Instruction supplémentaire pour les épreuves des poudres.* Cette épreuve a été répétée et a montré que la quantité d'humidité absorbée par chaque espèce de poudre est à très-peu près proportionnelle à la quantité de charbon que celle-ci contient, et que cela a lieu quel que soit d'ailleurs la densité de la poudre ou le procédé de fabrication.

Un échantillon de 100 grammes de chaque espèce de poudre fut exposé dans les baquets d'humidité pendant le mois de mai 1836 et pesé à peu près tous les deux jours. Les quantités d'eau absorbées chaque fois sont indiquées dans le tableau suivant :

Quantités d'eau absorbées dans l'air saturé d'humidité par 100 grammes de poudre.

Nombre de jours.	2	5	7	9	13	15	17	19
Température.	13°,5.	12°,0.	16°,6.	16°,4.	16°,5.	11°,4.	11°,4.	14°,2.
	gr.	gr.	gr.	gr.	gr.	gr.	gr.	gr.
A	2,7	4,5	5,8	7,6	10,4	12,0	13,3	14,2
B	1,3	3,0	4,2	5,8	8,6	9,8	10,9	11,5
C	3,5	5,5	7,0	8,9	12,5	13,8	15,5	16,4
D	3,3	5,5	7,0	8,5	12,0	13,5	14,8	15,5
E	2,5	4,5	5,7	7,4	10,5	12,0	14,0	15,0
F	1,8	3,0	4,2	5,6	7,7	9,2	10,5	11,2
G	2,0	2,7	3,5	4,2	6,3	7,6	8,7	9,0
H	2,3	4,2	5,7	7,2	10,6	12,0	13,0	13,4
K	3,1	4,5	6,0	7,4	10,2	11,8	12,8	13,4
L	2,4	4,6	6,1	7,8	11,4	"	"	"

La quantité d'eau nécessaire pour saturer l'air étant variable avec la température, l'expérience a été répétée pendant le mois de juin 1836. Les quantités d'eau absorbée sont indiquées dans le tableau siuvant :

Quantités d'eau absorbées dans l'air saturé d'humidité, par 100 *grammes de poudre.*

Nombre de jours.	3	4	6	8	10	13
Tempér.	16°,1.	15°,8.	14°,9.	14°,0.	17°,4.	17°,3.
	gr.	gr.	gr.	gr.	gr.	gr.
A	1,4	2,1	3,6	5,0	6,5	9,1
B	1,0	1,8	3,1	4,4	5,8	8,0
C	1,5	2,7	4,1	5,4	7,0	9,4
D	1,3	2,5	3,9	5,3	6,6	8,9
E	1,2	2,0	3,5	4,9	6,1	8,5
F	0,6	1,2	2,4	3,5	4,7	6,5
G	0,6	1,2	2,2	3,1	4,0	5,5
H	0,8	1,4	2,6	3,4	4,3	6,1
K	1,5	2,6	4,2	5,3	6,3	8,3

Les poudres très-denses présentent un phénomène assez remarquable : après un court séjour dans les baquets, les poudres C à 6 pour 100 d'humidité, D à 6,5 pour 100, K à 8 pour 100 et E à 10 pour 100, commencent à présenter à la surface des grains de petites aspérités d'un blanc éclatant, qui sont formées de cristaux de salpêtre chassé de l'intérieur à l'extérieur ; à partir de cette époque, le mélange des composants de la poudre se détruit, l'intérieur du grain se désorganise et n'est plus susceptible de se rétablir, lors même qu'on fait sécher la poudre avec soin. Si le séjour à l'humidité se prolonge, l'efflorescence augmente et le grain enfle considérablement : vers 13 pour 100 d'humidité pour les poudres C et D, et vers 15 pour 100 pour E et K, le salpêtre commence à se séparer du grain, et à 19 pour 100 d'eau, ces poudres ont déjà perdu 11,5 pour 100 de salpêtre, et le volume du grain se trouve augmenté de $\frac{1}{5}$.

Les poudres peu denses, comme les poudres ordinaires,

ne présentent les mêmes effets que beaucoup plus tard; le salpêtre ne commence à se montrer à la surface du grain, que lorsque celui-ci contient 18 à 20 pour 100 d'eau. On n'observe alors aucune augmentation de volume; à 25 pour 100, le salpêtre effleuri est encore en petite quantité et ne se sépare pas du grain, mais le volume est augmenté d'environ $\frac{1}{9}$.

Densités des poudres.

Densité gravimétrique. — La densité est un des caractères physiques les plus importants à connaître dans les poudres; on doit la considérer sous plusieurs rapports, soit relativement à l'ensemble de plusieurs grains ou d'une masse de poudre, soit relativement à chaque grain en particulier, et dans chaque cas la densité peut être prise de plusieurs manières différentes. Dans le premier cas, le volume d'une charge donnée de poudre influe sur l'espace que les gaz produits par la combustion occupent en arrière du projectile dans les bouches à feu sans chambre, et par suite sur leur tension et sur leur effet contre les parois de l'âme et contre le mobile. Le rapport du poids au volume d'une masse de poudre, qui dépend de la grosseur, de la forme et de la densité des grains, varie suivant l'arrangement de ces derniers; on l'évalue ordinairement en faisant tomber lentement la poudre dans l'instrument nommé gravimètre et en pesant la quantité qui occupe une capacité de 1 décimètre cube. C'est de cette manière qu'on a pris la densité dite gravimétrique des divers échantillons de poudre de toutes grosseurs; les résultats obtenus sont consignés dans le tableau suivant, les poids étant, suivant l'usage, exprimés en grammes.

Densité gravimétrique ordinaire des diverses poudres pour les différentes grosseurs de grains.

Grains. — Poudre.	de toutes grosseurs.			au-dessus de 1mm,40 de diamètre.			de 1mm,40 à 1 millimètre de diamètre.			au-dessous de 1 millimètre de diamètre.		
	transportée		roulée sur le plan incliné.	transportée		roulée sur le plan incliné.	transportée		roulée sur le plan incliné.	transportée		roulée sur le plan incliné.
	au pas.	au trot.		au pas.	au trot.		au pas.	au trot.		au pas.	au trot.	
A^3	886	"	880	875	"	882	855	"	856	"	852	"
A^4	"	882	"	"	880	"	"	858	"	"	"	"
A^{16}	922	"	923	908	"	910	887	"	890	887	"	890
B	954	947	944	931	925	922	925	924	922	942	938	"
C	926	935	911	924	928	917	864	867	860	"	"	"
D	924	922	906	927	917	905	869	860	854	"	"	"
E	867	871	874	869	875	873	816	814	825	"	"	"
F	928	925	922	920	919	916	905	905	908	"	"	"
G	856	869	865	861	870	868	827	830	833	"	"	"
H	837	841	838	840	837	838	803	809	813	824	817	"
K	932	934	935	935	920	932	905	904	904	"	"	"
L	942	"	"	902	"	910	895	"	902	892	"	904

Densité des poudres tassées. — Le moindre choc éprouvé par le vase qui contient la poudre, lui faisant éprouver un tassement considérable par un nouvel arrangement de grains qui a lieu, à moins que ceux-ci ne soient exactement sphériques, et les charges de poudre étant tassées dans la confection des munitions, il est important d'évaluer la densité correspondante. Comme ce tassement est susceptible d'être plus ou moins grand, il est nécessaire de le pousser jusqu'au refus, en tassant tant que le volume apparent de la poudre diminue sensiblement. On a pris de cette manière la densité de tous les échantillons de poudre de toutes grosseurs; les résultats obtenus sont consignés dans le tableau suivant:

Densité gravimétrique, poudre tassée, des diverses poudres pour les différentes grosseurs de grains.

Grains. — Poudre.	de toutes grosseurs.			au-dessus de 1mm,40 de diamètre.			de 1mm,40 à 1 millimètre de diamètre.			au-dessous de 1 millimètre de diamètre.		
	transportée		roulée sur le plan incliné.	transportée		roulée sur le plan incliné.	transportée		roulée sur le plan incliné.	transportée		roulée sur le plan incliné.
	au pas.	au trot.		au pas.	au trot.		au pas.	au trot.		au pas.	au trot.	
A^2	982	"	1020	996	"	999	964	"	970	"	"	"
A^4	"	1000	"	"	985	"	"	975	"	"	959	"
A^{16}	1050	"	1059	1027	"	1033	1019	"	1020	1015	"	1034
B	1065	1066	1072	1042	1040	1047	1030	1038	1047	1062	1060	"
C	1030	1045	1032	1037	1030	1029	994	982	"	"	"	"
D	1020	1045	1037	1039	1039	1030	997	986	987	"	"	"
E	985	992	997	980	990	990	930	951	945	"	"	"
F	1040	1047	1045	1042	1040	1044	1030	1028	1034	"	"	"
G	974	985	989	971	990	990	940	952	950	"	"	"
H	950	955	957	948	945	945	910	922	916	961	920	"
K	1056	1058	1062	1053	1045	1057	1052	1042	1044	"	"	"
L	1053	"	"	1021	"	1018	1015	"	1003	1013	"	996

La densité gravimétrique des poudres de chaque espèce de poudre variant peu, soit que celles-ci aient été transportées au pas ou au trot, ou roulées, on peut prendre les moyennes pour chaque grosseur de grains et en former le tableau suivant:

Densités gravimétriques des diverses poudres pour les différentes grosseurs de grains.

Grains. — Poudre.	de toutes grosseurs.		au-dessus de $1^{mm},40$ de diamètre.		de $1^{mm},40$ à 1 millimètre de diam.		au-dessous de 1 millimètre de diam.		Densités indiquées par les établissements.	OBSERVATIONS.
	non tassée.	tassée.	non tassée.	tassée.	non tassée.	tassée.	non tassée.	tassée.		
A^3	883	1001	879	998	856	967	"	"	883	
A^4	882	1000	880	985	858	975	852	959	880	
A^{16}	922	1054	909	1030	889	1020	889	1025	930	
B	948	1068	926	1043	924	1038	940	1061	935	
C	924	1036	923	1032	864	988	"	"	921	
D	917	1034	916	1036	861	990	"	"	915	
E	871	991	872	987	818	942	"	"	857	
F	925	1044	918	1042	906	1031	"	"	924	
G	863	983	876	984	830	947	"	"	851	
H	839	954	838	946	808	916	821	941	822	
K	934	1055	929	1052	904	1046	"	"	920	
L	942	1053	906	1020	899	1009	898	1005	877	

Densités des grains.

Densité apparente des grains. — La densité des grains de la poudre, qui a une grande influence sur leur dureté et sur leur conservation dans l'air humide, peut être considérée soit relativement au volume apparent de ces grains, soit en tenant compte des vides que contient la pâte dont ils sont formés. La densité apparente des grains influe sur la densité gravimétrique de la poudre et sur plusieurs de ses propriétés, ainsi qu'on verra ci-après; elle ne peut être prise que par la mesure directe, lorsque les grains sont gros et exactement sphériques, et par l'immersion dans un liquide qui ne pénètre pas dans l'intérieur des grains; le mercure remplit cette condition, mais il a le grave inconvénient de ne pas pénétrer entre les aspérités que la surface des grains présente souvent et dans les petits interstices que les fins grains laissent entre eux. Cependant il peut servir dans le cas des poudres de guerre, lorsque l'appareil qu'on emploie permet d'opérer dans le vide, ou sous de fortes pressions qui chassent l'air et obligent le mercure d'occuper tout l'espace libre. C'est ainsi qu'on a pris la densité apparente des grains de toutes grosseurs des différentes poudres. Pour voir l'influence de l'exposition de la poudre à l'air et à l'humidité sur le volume des grains, on a pris la densité apparente des poudres après qu'elles ont été séchées au soleil, exposées à l'humidité ou éventées par un séjour de quatre mois, du 25 avril au 25 août 1836, dans des vases non fermés et placés dans une salle ni trop sèche, ni trop humide. Les résultats obtenus sont consignés dans le tableau suivant:

Densité apparente des grains des diverses espèces de poudres.

Espèces de poudre.	Grains de toutes grosseurs.	au-dessus de 1mm,40.	de 1mm,40 à 1 millimèt.	au-dessous de 1 millimètre.	Poudre séchée au soleil.	Poudre éventée.
A8	1535	1570	1520	1510	1545	1525
A10	1560	1580	1560	1540	1575	"
B	1560	1585	1570	1565	1585	1565
C	1665	1680	1665	"	1700	1635
D	1685	1720	1650	"	1750	1645
E	1630	1635	1585	"	1650	1580
F	1590	1600	1610	"	1620	1590
G	1580	1575	1570	"	1585	1510
H	1490	1495	1480	1445	1510	1485
K	1690	1690	1705	"	1730	1695
L	1515	1570	1560	1545	1575	1500

La densité apparente des grains de poudre, prise au moyen du mercure, paraît ainsi d'autant plus faible que le grain est plus petit; la différence de densité devient très-grande, lorsque le grain est fin, comme celui de la poudre de chasse; la densité apparente du grain de cette poudre, prise d'après le même procédé, n'a été trouvée que de 1,515, tandis qu'il est évident que cette densité doit être beaucoup plus forte.

L'exposition des poudres à l'air et à l'humidité change beaucoup la densité des poudres très-denses; ainsi la poudre C, qui peu de temps après sa fabrication avait 1,730 de densité apparente, n'en avait, à son arrivée à Metz, que 1,700 étant séchée au soleil, et 1,665 dans son état habituel. Laissée quatre mois dans un vase découvert, elle n'avait plus qu'une densité de 1,635; exposée dans les baquets d'humidité, son grain s'est enflé successivement d'une manière sensible à l'œil; séchée avec soin après le quinzième jour, époque à laquelle elle contenait 18,8 pour 100 d'humidité, sa densité n'était plus que de 1,435; c'est-à-dire que son grain avait augmenté de $\frac{1}{5}$ de son volume primitif. La densité de la poudre D, qui était de 1,750 à son départ pour Metz, n'était plus que 1,645 trois mois après. Dans les mêmes circonstances, la poudre ordinaire H n'a pas changé sensiblement de densité : séchée au soleil, elle donnait 1,510, et dans l'état habituel, 1,490; après quatre mois de séjour dans un vase ouvert, la densité était encore de 1,485; séchée après quinze jours d'exposition dans les baquets d'humidité et contenant 14,7 pour 100 d'eau, la densité primitive de 1,510 fut encore trouvée, et ce ne fut qu'après plus d'un mois de séjour dans les baquets et après avoir contenu 25 pour 100 d'eau, que le grain a enflé et que la densité s'est trouvée diminuée de $\frac{1}{9}$.

Les mêmes effets se produisent sur les poudres denses, lors même qu'elles restent en magasin; la poudre K, dont la densité en 1833 avait été trouvée de 1,792, n'en avait plus qu'une de 1,730 en 1836; et trois mois après elle ne donnait plus que 1,695. Ainsi, les poudres auxquelles on donne dans la fabrication de très-fortes densités apparentes, ne sont pas susceptibles de les conserver longtemps; ces densités diminuent beaucoup lors même que le grain n'éprouve que de faibles variations d'humidité et qu'il est séché avec soin.

Pesanteur spécifique des grains. — Pour tenir compte des vides que les grains présentent, on a employé l'eau saturée de nitrate de potasse, ainsi qu'il est indiqué dans l'*Instruction supplémentaire pour les épreuves des poudres*. La pesanteur spécifique ou densité réelle des grains de toutes grosseurs des diverses poudres, a été prise lorsque celles-ci sont à l'état ordinaire, et après qu'elles ont été séchées au soleil et exposées à l'humidité plus ou moins longtemps. Le tableau suivant contient les résultats obtenus, ainsi que les moyennes des densités de chaque espèce de poudre.

Pesanteur spécifique des grains des diverses espèces de poudre.

Espèce de poudre.	Grains de toutes gross.	au-dessus de 1mm,4	de 1mm,4 à 1 millimètre.	au-dessous de 1 millimètre.	Poudre non séchée.	Densité moyenn.	Poudre humide.
A[1]	1565	//	1555	1555	1615	1565	1755 à 1880
A[10]	1610	1620	1625	1645	1700	1610	1765 à 1825
B	1625	//	1635	1640	1655	1625	1905
C	1795	1790	1800	//	1825	1795	//
D	1835	1835	1820	//	1830	1835	//
E	1670	1675	1670	//	//	1670	1810
F	1610	1600	1595	//	1665	1610	1725
G	1590	1595	//	//	//	1590	1720
H	1555	1560	//	//	1650	1555	1750 à 1845
K	1810	1830	1820	//	1830	1810	//
L	1655	1655	1690	1715	1725	1655	1735

Ainsi, la pesanteur spécifique des poudres est à peu près la même pour toutes les grosseurs de grains, mais elle est plus grande pour les poudres qui contiennent de l'humidité; il est facile de voir, en effet, qu'on n'a plus alors la densité réelle, la quantité d'eau combinée avec la poudre induisant doublement en erreur, d'abord dans l'évaluation du poids de la poudre, ensuite par la facilité qu'elle donne à l'eau saturée de salpêtre de s'introduire dans l'intérieur des grains.

En comparant la densité apparente obtenue pour chaque

espèce de poudre, avec sa pesanteur spécifique, on peut former le tableau suivant :

Densité apparente et pesanteur spécifique des grains des diverses espèces de poudre.

Espèce de poudre.	A^8.	A^{16}.	B.	C.	D.	E.	F.	G.	H.	K.	L.
Densité app.	1545	1575	1585	1700	1750	1650	1620	1585	1510	1730	1575
Pesant. spéc.	1565	1610	1625	1795	1835	1670	1610	1590	1555	1810	1655
Différences .	20	35	40	95	85	20	10	5	45	80	80

Ainsi qu'il était facile de le prévoir, la pesanteur spécifique l'emporte sur la densité apparente ; la différence moyenne entre ces deux densités est de 45, mais il est à remarquer que toutes les différences un peu fortes appartiennent aux poudres très-denses ; celle qui est relative à la poudre L est due à la grande quantité de très-petits grains que cette poudre contient et pour lesquels le mercure n'accuse, ainsi qu'on l'a vu, qu'une densité apparente inférieure à la véritable ; celle-ci doit être de plus de 1,575, car cette poudre est une des plus denses au gravimètre. En ne comparant que les sept autres poudres, les différences des deux densités sont assez faibles, la moyenne étant de 25, c'est-à-dire que ces densités ne diffèrent entre elles que de $\frac{1}{65}$.

Densité absolue de la poudre. — La densité absolue de la poudre, c'est-à-dire celle de ses parties constituantes, la plus grande qu'on puisse obtenir, par la suppression de tous les pores, donne une idée du point auquel la trituration des matières a été poussée pour agglomérer intimement les diverses substances dont la poudre est composée ; la densité absolue de chaque échantillon de poudre est consignée dans le tableau suivant :

Densité absolue des grains des diverses espèces de poudres.

Espèce de poudre.	Grains de toutes grosseurs.	au-dessus de 1mm,40.	de 1mm,40 à 1 millimèt.	au-dessous de 1 millimètre.	Poudre non séchée.	Densité absolue moyenne.
A8	1960	1945	1980	1990	1985	1972
A16	1980	1980	1970	1955	1935	1964
B	1935	1945	1925	1950	1945	1940
C	1880	1850	1905	"	1885	1880
D	1920	1865	1915	"	1900	1900
E	1855	1840	1880	"	1850	1856
F	1880	1845	1875	"	1890	1872
G	1835	1840	1850	"	1835	1840
H	1925	1905	1900	"	1930	1915
K	1945	1880	1920	"	1880	1904
L	1860	1880	1875	1875	1875	1873

La densité absolue des poudres, ou le degré d'agglomération de ses parties constituantes, est loin de classer les différentes espèces de poudres dans le même ordre que les autres densités. Les poudres dont l'agrégation est la plus intime sont celles des pilons, d'abord celles qui ont été triturées pendant vingt-quatre heures, puis celles de onze heures de battage. Viennent ensuite les poudres des meules, aussi dans l'ordre du temps employé à la trituration; enfin les poudres des tonnes sont aux derniers rangs, et parmi elles, celles qui ont été réduites en galettes par le laminoir et les meules légères, ont l'avantage sur celle qui a été soumise à la presse hydraulique.

De la densité absolue et de la densité apparente des grains de chaque espèce de poudre, on peut déduire le volume des vides ou pores qui existent entre les molécules de la composition, et par suite la quantité d'eau qui peut y péné-

5.

trer sans augmenter le volume du grain et sans en expulser une partie du salpêtre; au delà de cette quantité d'humidité, l'organisation intérieure est changée au point de ne pouvoir être rétablie sans que la matière ne soit soumise de nouveau à l'action des machines qui ont servi à sa préparation première. Les limites des quantités d'eau que la poudre peut absorber sans que le grain enfle ou que le salpêtre vienne effleurir à la surface, sont indiquées dans le tableau suivant:

Quantités d'eau que 100 parties de poudre peuvent absorber sans changement dans la constitution des grains.

Espèce de poudre.	A^8.	A^{16}.	B.	C.	D.	E.	F.	G.	H.	K.	L.
Quant. d'eau	17,9	15,6	14,1	6,2	4,85	7,5	9,6	10,1	17,7	5,8	12,0

Ces quantités s'accordent avec les résultats obtenus sur les poudres soumises aux épreuves d'hygrométricité qui ont été rapportées précédemment, et donnent le classement des poudres sous le rapport de leur conservation dans les lieux humides.

DEUXIÈME PARTIE.

ÉPREUVES PRÉLIMINAIRES.

Rapidité de combustion. — La combustion des parties intérieures des grains de poudre n'a lieu que lorsque les couches qui les recouvrent sont consumées; la rapidité avec laquelle le feu se propage de tranche en tranche, dans la composition, a la plus grande influence sur les effets de l'explosion. Cette rapidité a été mesurée: 1° sur les galettes mêmes dont les poudres des meules D et E et du laminoir F ont été formées; 2° sur des galettes faites à la presse avec le poussier provenant de la fabrication ou produit dans le transport des poudres des pilons A, B, H et des meules D; 3° sur des galettes faites par une même pressée avec des poussiers obtenus par l'écrasement des grains de toutes les espèces de poudre. Chaque galette séchée au soleil a été dressée sur toutes ses faces, mesurée et pesée exactement pour en déterminer la densité apparente; ensuite elle a été disposée de manière à brûler d'une extrémité à une autre, suivant sa plus grande longueur. La durée de la combustion mesurée exactement avec un compteur à pointage de Breguet, qui donne les dixièmes de seconde, a fourni le moyen de calculer la quantité de poudre consommée par seconde sur une surface déterminée. Les résultats obtenus en prenant pour unité de surface le centimètre carré, et pour unité de poids le gramme, sont consignés dans le tableau suivant:

Quantités de matières brûlées par seconde.

Espèce de poudre.	Galettes dont les poudres ont été formées.	Galettes de poussiers provenant de la fabrication ou du transport des poudres.	Galettes de poussiers obtenus par l'écrasement des grains.
A	"	1g,8000	1g,8250
B	"	1,9505	1,9875
C	"	"	2,0025
D	1g,8214	1,9650	2,0125
E	2,1590	"	2,0675
F	1,8997	"	1,8600
G	"	"	1,8360
H	"	1,9250	1,9150
K	"	"	2,0375
L	"	"	1,7775

La comparaison des résultats obtenus dans les différents cas montre que la combustion des poudres à charbon noir reste à très-peu près la même par une nouvelle trituration, tandis que celle de la poudre à charbon roux D est susceptible d'augmenter de rapidité à chaque nouvelle opération; il est vrai que dans son état primitif la combustion de cette poudre est assez lente.

La combustion des galettes de toutes les poudres montre que les poudres des meules et celles des pilons, battues vingt-quatre heures, donnent à peu près les mêmes résultats, et que la poudre ancienne et celles des tonnes sont sensiblement inférieures à toutes les autres.

Vitesse d'inflammation des traînées de poudre. — Le temps nécessaire à la communication du feu d'une extrémité à une autre d'une traînée de poudre dépendant de la grandeur de la section de cette traînée, la poudre a dû être répartie d'une manière régulière, afin que la vitesse d'inflammation fût uniforme, et l'expérience a dû être faite sur des traînées de différentes dimensions, afin de s'assurer du classement des poudres dans tous les cas. Les traînées pour chaque espèce de poudre étaient de trois grosseurs différentes, sous-doubles les unes des autres, les plus fortes contenant 120 grammes de poudre par mètre courant de longueur, les moyennes 60 et les plus faibles 30 grammes. Ces quantités de poudre remplissaient des demi-cylindres creux en fer, des diamètres respectifs de $0^m,020$, $0^m,014$ et $0^m,010$. Chacune des traînées avait plus de 10 mètres de longueur, et la durée de son inflammation était mesurée avec le compteur de Breguet; les expériences furent faites dans une halle fermée du côté du vent, afin que les résultats ne fussent pas influencés par les courants d'air.

Les vitesses d'inflammation obtenues pour chaque espèce de poudre sont consignées dans le tableau suivant:

Vitesses d'inflammation des traînées de poudre de différentes grosseurs.

Désignation des poudres.		A^3.	B.	C.	D.	E.	F.	G	H.	K.	L.
	kil.	m	m	m	m	m	m	m	m	m	m
Quantité de poudre par mètre courant.......	0,020	2,39	2,09	1,93	1,93	2,44	2,38	2,70	2,94	1,85	2,21
	0,060	1,85	1,64	1,52	1,56	1,89	1,79	2,14	2,32	1,47	1,87
	0,030	1,49	1,25	1,17	1,19	1,39	1,33	1,47	1,70	1,10	1,33
Vitesses moyenn.		1,91	1,66	1,54	1,56	1,9067	1,833	2,103	2,32	1,473	1,803

La vitesse d'inflammation paraît être moins grande dans les poudres lissées que dans celles qui ne le sont pas ; elle diminue à mesure que la densité des grains augmente ; enfin elle est beaucoup plus faible dans les poudres qui contiennent du charbon roux que dans celles qui sont fabriquées avec du charbon noir.

TROISIÈME PARTIE.

EFFETS BALISTIQUES DES POUDRES.

Portées au mortier éprouvette. — Les effets balistiques des poudres sont estimés depuis longtemps en France par les distances auxquelles le globe du mortier éprouvette est lancé par une charge déterminée de poudre. On a éprouvé avec cet instrument non-seulement les diverses espèces de poudres et les échantillons qui résultent de la séparation des grains de différentes grosseurs, mais encore les poudres soumises aux épreuves d'hygrométricité, soit immédiatement après leur sortie des baquets, et contenant l'humidité qu'elles y avaient prise pendant onze jours, soit après avoir été séchées plus ou moins complétement.

Les portées du mortier éprouvette ont été corrigées au moyen de la poudre type, et les moyennes de 3 coups sont consignées dans le tableau suivant :

Portées moyennes au mortier éprouvette des diverses poudres de toutes grosseurs, et contenant différentes quantités d'humidité.

Désignation des poudres.			A⁴.	A³.	A¹⁶.	B.	C.	D.	E.	F.	G.	H.	K.	L.
				m	m	m	m	m	m	m	m	m	m	m
Grains de toutes grosseurs	Transportés au pas			213,0	215,5	235,15	199,9	207,0	217,5	239,5	243,8	238,5	209,3	235,4
	Roulés sur le plan incliné			215,1	216,9	236,1	200,7	208,1	218,2	238,6	241,9	236,7	206,6	″
	Transportés au trot			218,7	″	234,4	203,2	206,9	217,6	235,4	238,1	234,7	215,5	229,0
Grains au-dessus de 1mm,4	Transportés au pas			207,65	210,65	233,3	198,3	201,3	215,0	238,5	242,0	238,65	209,8	231,6
	Roulés sur le plan incliné			204,9	206,1	233,4	199,6	201,6	213,2	237,1	238,2	236,9	204,2	230,4
	Transportés au trot			215,6	″	234,9	197,9	201,7	215,9	240,4	242,9	241,0	213,2	″
Grains de 1mm,4 à 1 millimètre.	Transportés au pas			219,7	226,1	232,4	223,65	226,1	227,7	237,2	238,1	232,4	216,6	234,2
	Roulés sur le plan incliné			219,8	225,3	333,4	221,9	230,1	229,9	237,4	242,8	235,6	218,8	233,2
	Transportés au trot			221,9	″	235,1	228,6	229,9	228,9	238,9	242,6	234,4	217,6	″
Moy., de 9 coups, des poudres de même esp.			A⁴.											
Grains de toutes grosseurs			218,7	214,0	216,0	235,2	201,3	207,3	217,8	237,8	241,3	236,6	210,5	232,2
Au-dessus de 1mm,40			215,6	206,3	208,4	233,9	198,6	201,5	214,7	238,7	241,0	238,8	209,1	231,0
De 1mm,40 à 1 millimètre			221,9	219,7	225,7	233,6	224,7	228,7	228,8	237,8	241,2	234,1	217,7	233,7
Portées trouvées dans les établissements.				197,6	204,0	232,4	182,33	201,75	216,4	198,66	242,0	234,4	213,8	238,0
Poudres des épreuves d'hygrométricité.														
Quantité d'humidité pour 100				5,05	″	4,6	5,8	5,25	4,6	4,6	3,9	4,0	5,35	4,0
Portées (*mètres*)				166,0	″	163,0	110,0	128,5	170,0	189,0	210,0	218,0	124,5	196,0
Quantité d'humidité pour 100				4,2	″	4,2	4,8	4,6	4,1	4,1	3,7	3,8	4,6	3,0
Portées (*mètres*)				188,0	″	191,5	121,0	144,0	180,0	208,5	220,0	221,5	138,0	205,5
Quantité d'humidité pour 100				0,6	″	0,5	0,8	0,6	0,6	0,5	0,5	0,5	0,6	2,5
Portées (*mètres*)				208,0	″	225,5	162,0	174,5	193,0	222,0	228,0	233,0	159,0	208,0

Les portées au mortier éprouvette classent les poudres à gros grains dans un ordre à peu près inverse de celui des densités ; mais à mesure que la grosseur des grains diminue, les poudres denses perdent de leur infériorité, leurs portées augmentant alors beaucoup, tandis que celles des autres poudres conservent sensiblement la même étendue. Lorsque les poudres très-denses contiennent 5 ou 6 pour 100 d'humidité, elles perdent environ moitié de leurs portées et les $\frac{2}{5}$ avec 4 pour 100 d'eau; tandis que, dans le même cas, les poudres moins denses, comme celles des pilons, n'en perdent que $\frac{1}{11}$; ces dernières poudres étant séchées, reprennent toute leur force primitive, tandis que les autres en perdent encore $\frac{1}{5}$.

Portées dans les mortiers des divers calibres. — Quoique le tir du mortier éprouvette soit analogue à celui des mortiers employés dans le service, il était intéressant de voir si le classement des diverses poudres était le même dans les deux cas, surtout lorsqu'on employait des mortiers de différents calibres, des charges fortes et faibles et des projectiles présentant un vent plus ou moins grand. En conséquence, toutes les poudres ont été tirées dans les mortiers des divers calibres, à différents états de dégradation ; sur les six mortiers employés, trois avaient leur âme aux dimensions exactes; deux étaient évasés de $1^{mm},4$ à $1^{mm},8$, et le dernier avait un logement de $4^{mm},5$ et une âme évasée de 3 millimètres à $3^{mm},5$. Il a été employé deux espèces de charges pour chaque calibre : la première était celle qui est en usage pour obtenir les portées ordinaires de 600 mètres, c'est-à-dire de $0^{k},900$ pour les mortiers de 32 centimètres, de $0^{k},700$ pour ceux de 27 centimètres, et $0^{k},350$ pour ceux de 22 centimètres; les autres charges étaient celles qui correspondent aux portées de 400 mètres, ou de $0^{k},700$ pour le calibre de 32 centimètres, de $0^{k},500$ pour celui de 27 centimètres, et $0^{k},250$ pour celui de 22 centimètres. Le tir à grande charge a été répété avec les diverses poudres débarrassées des grains plus petits que ceux à canon. Les portées moyennes de 2 coups de ces différentes séries ont été consignées dans le tableau suivant :

Portées des diverses poudres dans les mortiers des différents calibres.

Calibre des mortiers.	État de l'âme.	A.	B.	C.	D.	E.	F.	G.	H.	K.	L.
	Charges ordinaires.	m	m	m	m	m	m	m	m	m	m
32c	En très-bon état..	472,7	558	558,5	591,5	654,5	562,5	631,5	682,5	554,5	500,5
	En bon état......	453,7	548	513,5	529,5	604	555,5	618	661,5	548	463,5
27	Fort logement....	399,5	502,5	457,5	538	535	493,5	584,5	633	493,5	445,5
	Un peu évasé.. ..	477,3	557	512	576,5	605,5	560,5	662,5	678,5	590,5	508
22	En bon état......	440,3	562,5	480	571,5	616	564,5	638	684	590	489,5
	Assez évasé......	399	475,5	443,5	544	557	507	625,5	693	501	448
	Poudre sans petits grains.										
32	En très-bon état..	416	557,5	517	604	609	549	593,5	692,5	574	535
	En bon état......	434,5	537	491	541,5	590,5	518	587,5	704	542,5	509,5
27	Fort logement....	395	470,5	452	495,5	516,5	447	512,5	620	449	446,5
	Un peu évasé.....	445	552,5	533	587,5	605	566,5	614	694	546	529,5
22	En bon état......	379,5	549,5	473,5	562	573,5	501	579	680	514	483,5
	Assez évasé......	369,5	489	453	560	507,5	473	621,5	634,5	470	441,5
	Petites charges.										
32	En très-bon état..	305,5	408	391	440,5	433,5	400	471	462,5	442	378,5
	En bon état.	300	381,5	381,5	437	431,5	391	459	485,5	397	333,5
27	Fort logement....	225,5	273,5	296	337,5	341	308,5	351	353,5	333	291
	Un peu évasé. ...	269,5	374,5	371,5	396,5	406,5	368,5	418,5	452,5	390,5	300,5
22	En bon état......	259	391,5	317,5	427	390	346,5	411,5	398	377	341
	Assez évasé.	216	315	298,5	344	366	344,5	377,5	400,5	336,5	290,5
	Portées moyennes aux charges ordinaires.										
32	En très-bon état..	441,3	557,75	537,75	597,75	631,75	555,75	612,5	687,5	564,25	517,75
	En bon état......	444,1	541,5	502,25	535,5	597,25	537,75	602,75	682,75	545,25	486,5
27	Fort logement....	397,3	486,5	454,75	516,75	525,75	470,25	548,5	626,5	471,25	446,0
	Un peu évasé....	461,1	554,75	522,5	582,0	605,25	563,5	638,25	687,25	568,25	518,75
22	En bon état......	419,9	556,0	476,75	566,75	594,75	532,75	609,5	682,0	552,0	486,5
	Assez évasé......	384,75	482,25	448,25	552,0	582,25	490,0	[illegible]	663,75	485,5	444,75

Les portées des bombes dans les mortiers classent les poudres du même procédé de fabrication, de la même manière que dans le mortier éprouvette; mais elles classent différemment celles des divers procédés : le procédé des tonnes ne conserve plus les avantages qu'il avait avec cet instrument d'épreuve; au lieu d'aller de pair avec le procédé des pilons, il descend au niveau de celui des meules. Le classement des poudres par les portées dans les mortiers s'accorde assez bien avec celui qui résulte des vitesses d'inflammation.

Le classement des poudres des pilons et des tonnes est sensiblement le même dans les divers calibres de mortiers, pour les grandes et les petites charges : l'évasement des mortiers influe même assez peu; le classement, au contraire, varie beaucoup pour les poudres des meules dans ces différentes circonstances.

D'après l'ensemble des expériences, on voit que les poudres anciennes, celles des tonnes et celles des meules qui ont de grandes densités, ont un énorme désavantage dans le tir des mortiers; les poudres ordinaires des pilons l'emportent beaucoup sur toutes les autres poudres.

Vitesse initiale communiquée aux balles de fusil. —Les poudres ayant des effets balistiques très-variables, suivant qu'elles sont employées en grande ou en petite quantité, et que les armes leur permettent d'agir plus ou moins longtemps sur le projectile, il est nécessaire de mesurer ces effets dans toutes les espèces d'armes à feu et surtout dans les fusils qui consomment une grande partie des poudres de guerre. A cet effet, on a tiré au fusil-pendule 5 coups avec chaque espèce de poudre et avec chacun des échantillons formés en séparant les grains de différentes grosseurs : on a tiré également avec les poudres qui avaient été soumises aux épreuves d'hygrométricité, soit après avoir été séchées, soit lorsqu'elles contenaient encore l'humidité qu'elles avaient absorbée dans les baquets pendant quinze et vingt jours. Les poudres éventées pendant soixante-quinze jours dans des vases non fermés, et des échantillons de poudre soumis pendant vingt jours à des alternatives de sécheresse et d'humidité, ont aussi été tirés au fusil-pendule.

Les vitesses initiales communiquées aux balles ont été déterminées de deux manières : 1° par le recul du pendule ; 2° par le recul du fusil, en suivant les indications données dans l'*Instruction supplémentaire pour les épreuves des poudres*.

Les résultats obtenus (moyenne de 5 coups) du tir de ces différents échantillons de poudre sont consignés dans le tableau suivant :

Vitesses initiales communiquées aux balles de fusil par les diverses espèces de poudres.

	A^8.	A^{16}.	B.	C.	D.	E.	F.	G.	H.	K.	L.
Vitesses moyennes de 15 coups de chaque espèce de poudre.	m	m	m	m	m	m	m	m	m	m	m
Grains de toutes grosseurs.	419	427	483	463	481	479	469	475	497	456	495
Au-dessus de $1^{mm},40$..........................	403	399	459	446	447	460	459	454	486	453	447
De $1^{mm},40$ à 1 millimètre......................	437	437	482	519	541	522	482	486	500	492	482
Poudres.											
Éventées pendant soixante-quinze jours...........	405	417	466	451	455	457	453	455	482	448	"
Exposées vingt jours à des altern. de séch. et d'hum.	431	"	476	448	459	475	473	466	500	455	"
Séchées après avoir été onze jours à l'air sat. d'hum.	437	"	464	404	420	444	470	472	504	435	"
Idem après vingt jours...........................	440	"	453	358	395	421	466	476	496	424	"
Moyennes de 20 coups de ces poudres mal conserv.	428	"	465	415	408	449	465	467	495	440	"
Poudres expos. à l'air sat. d'hum. pend. vingt jours.	72	"	121	103	119	121	273	365	152	166	"
Idem pendant onze jours.	206	"	278	264	300	324	379	408	362	317	354
Pertes des poudr. exp. à l'hum. pour 100 mèt. de vit.	83	"	75	78	75	75	42	23	69	63	"
	51	"	42	42	38	33	19	14	27	31	29

Les poudres anciennes ont une infériorité marquée sur les autres poudres, pour toutes les grosseurs de grains; les poudres très-denses, et surtout celles à charbon roux, sont inférieures aux autres poudres; elles le sont encore davantage lorsqu'on ne prend que le grain à canon; mais, comme leurs effets varient beaucoup avec la grosseur de leurs grains, leurs vitesses initiales augmentent, et elles donnent de bons résultats lorsqu'on ne prend que les grains à mousquet; elles se classent alors parmi les meilleures poudres. La poudre ordinaire des pilons ne varie pas sensiblement dans ses effets, quelle que soit la grosseur des grains ou la quantité d'humidité qu'elles aient pu contenir; aussi, non-seulement elle l'emporte sur toutes les autres poudres sous ce rapport, mais elle a encore l'avantage de communiquer à la balle de plus grandes vitesses initiales, et ce n'est que dans le tir des grains à mousquet que ses vitesses sont atteintes par celles d'une partie des poudres denses.

La poudre des meules d'une densité moyenne et au dosage ordinaire de guerre, avec charbon noir, participe aux avantages des deux espèces précédentes, et se classe toujours parmi les bonnes poudres.

Les poudres des tonnes et celles des pilons de vingt-quatre heures de battage se classent à peu près au même rang, et elles passent immédiatement après la poudre ordinaire pour la grandeur et la régularité des portées.

Les poudres anciennes et celles des meules perdent beaucoup de leur force lorsqu'elles sont très-humides, les vitesses communiquées à la balle de fusil étant alors réduites de plus des trois quarts; les autres poudres, surtout celles des tonnes, perdent beaucoup moins.

Lorsque les poudres très-humides ont été séchées, celles des tonnes et des pilons reprennent leur force primitive, tandis que celles des meules, qui sont très-denses et qui ont plus de charbon et moins de soufre, comme C et D, perdent environ 100 mètres de vitesse ; les poudres des meules au dosage ordinaire, E et K, perdent moitié moins.

Le classement des poudres à tous grains et à gros grains au fusil-pendule ne s'éloigne pas beaucoup de celui que donnent les portées du mortier éprouvette; mais le classement change entièrement pour les petits grains; il se rapproche beaucoup alors de l'ordre des pesanteurs spécifiques des grains de poudre et de celui des quantités de composition brûlée à égalité de surface, quantités qui ont été trouvées dans les épreuves de combustion.

Vitesses initiales communiquées aux boulets. — Les effets balistiques des poudres dans les grosses bouches à feu ne pouvant pas se déduire des résultats donnés par les instruments d'épreuve et par le tir des autres armes, il est indispensable de les mesurer directement, afin de juger de la convenance de chaque espèce de poudre pour remplir un de ses emplois les plus importants.

Pour mesurer ces effets balistiques, on s'est servi des canons de 24 et de 12 de campagne, suspendus en pendule, et du pendule balistique à canon, appareils établis à Metz à cette occasion, et construits d'après les projets des capitaines Piobert et Morin. Toutes les poudres ont été tirées dans chaque calibre, aux charges du quart et du tiers du poids du projectile; le tir a eu lieu, comme à l'ordinaire, à boulet roulant, avec deux bouchons et gargousse de papier dans le canon de 24, et à boulet ensaboté, avec gargousse de serge dans le canon de 12.

Le classement des poudres au pendule balistique à canon, avec les deux charges et dans les deux calibres, est à peu près le même; il ne diffère pas beaucoup de celui qui est donné par le fusil-pendule, pour les petits grains de poudre, et par l'ordre des pesanteurs spécifiques des grains; les poudres très-denses donnent les plus grandes vitesses; les poudres des meules, celles des tonnes et celles des pilons de vingt-quatre heures de battage, donnent à peu près les mêmes vitesses initiales ; les poudres anciennes sont un peu moins fortes ; enfin les poudres ordinaires des pilons occupent le dernier rang.

Les vitesses moyennes de quatre coups, obtenus au pendule balistique, avec toutes les poudres tirées à la charge du quart et à celle du tiers, sont consignées dans le tableau suivant :

Vitesses initiales communiquées aux boulets de 24 et de 12 par les diverses espèces de poudre.

CANONS.	CHARG	A.	B.	C.	D.	E.	F.	G.	H.	K.	L.
	k	m	m	m	m	m	m	m	m	m	m
De 24 de siége.	3,0	471,5	482,3	504,0	498,6	494,2	486,7	487,5	457,4	496,5	496,4
	4,0	522,9	530,5	565,5	564,9	549,4	535,6	537,7	479,7	559,7	544,4
De 12 de camp.	1,5	458,4	462,1	483,9	480,6	469,5	475,7	464,0	448,4	485,1	479,6
	2,0	516,8	522,6	536,8	537,1	523,2	521,3	525,4	488,8	542,5	538,9

Les reculs des canons suspendus ayant été observés à chaque coup, on en a déduit les vitesses initiales imprimées aux boulets ; ces résultats sont indiqués dans le tableau suivant :

Vitesses initiales des boulets de 24 et de 12 avec les différentes poudres, déduites du recul des canons.

CANONS.	CHARG	A.	B.	C.	D.	E.	F.	G.	H.	K.	L.
	k	m	m	m	m	m	m	m	m	m	m
De 24 de siége.	3,0	461,5	472,3	495,1	489,7	483,0	479,8	480,0	446,5	487,7	486,2
	4,0	507,8	512,2	553,7	554,7	539,2	525,8	524,1	455,5	546,9	527,8
De 12 de camp.	1,5	456,8	457,1	482,5	479,0	465,0	473,0	466,9	452,8	481,7	478,0
	2,0	514,6	517,3	537,6	535,9	522,4	518,8	528,6	482,4	535,0	535,6

Les vitesses initiales déduites du recul des canons, quoique un peu plus faibles que celles qui sont données par le pendule balistique, classent les poudres exactement de la même manière.

L'infériorité des poudres ordinaires est d'autant plus grande, que les charges de poudre employées sont plus considérables; cela tient à la grande quantité de poussier que nous avons vu qu'elle contient (1,544 pour 100), qui s'est formée dans le voyage de 456 kilomètres auquel ces poudres ont été soumises depuis leur fabrication, et qui empêche les fortes charges de s'enflammer avec rapidité; en effet, en tirant la même poudre avant qu'elle ait voyagé, ou après l'avoir débarrassée de la plus grande partie de son poussier, on obtient des vitesses beaucoup plus régulières et plus grandes, à tel point que la charge du quart du poids du boulet donne plus de vitesse au projectile et moins de recul au canon, que la charge du tiers avec la poudre qui a du poussier. C'est ainsi que la charge de 3 kilogrammes a donné $480^{m},7$ de vitesse au boulet de 24, et un recul de $\frac{1}{20}$ moins grand qu'avec la charge du tiers de poudre avec poussier, quoique le projectile ait été lancé avec plus de vitesse; il en résulte qu'on peut augmenter ainsi l'effet utile ou la force de projection du boulet, tout en diminuant la dépense de poudre et l'effet destructeur de l'affût. Ce résultat, qu'on avait proclamé être une propriété particulière de certaines poudres autres que celles des pilons, s'obtient donc également avec les poudres ordinaires. D'ailleurs, le raisonnement et le calcul avaient déjà prouvé que ce fait était une suite des lois du mouvement du projectile et des gaz de la poudre dans la bouche à feu, et qu'il ne paraissait étonnant qu'autant qu'on faisait abstraction de la masse des gaz lancés avec le projectile. L'augmentation de vitesse initiale résultant de la suppression du poussier, qui n'est que de 10 mètres pour la charge du canon de 12 tiré quart, est de 24 mètres pour celle du tiers, ainsi que pour la charge du quart avec le calibre de 24, et va à 50 mètres pour la charge du tiers dans ce canon.

Vitesses initiales avec les gargousses allongées. — Le tir avec gargousse allongée devant être éprouvé suivant les ordres du ministre, relativement aux détériorations des bouches à feu, il était nécessaire de connaître l'influence de ce mode de chargement sur les vitesses initiales, afin de s'assurer que la diminution des dégradations n'était pas une suite d'une diminution générale des effets de la poudre. Les expériences de la Commission des principes du tir de Metz, en 1834, avaient bien montré que les enfoncements des projectiles qu'on obtenait avec la charge allongée étaient au moins aussi grands que ceux qui avaient été trouvés avec le chargement ordinaire; mais il était nécessaire de constater de nouveau ce résultat avec des moyens susceptibles de plus de précision. L'allongement de la charge ou l'augmentation de volume de l'espace que le boulet laisse en arrière de sa position, diminue, il est vrai, le tension du gaz de la poudre, en même temps qu'il diminue leur effet contre les parois de l'âme de la bouche à feu; mais le vide qui existe autour de la charge par suite de la diminution de son diamètre, permet aux premiers gaz développés de se répandre vers les parties antérieures, et de les enflammer plus tôt que dans les cas ordinaires; de sorte qu'il s'établit, après les premiers instants de l'inflammation, une espèce de compensation qui doit être d'autant plus sensible que la charge est plus forte ou plus longue, et que le passage de la flamme à travers la poudre est plus difficile. Il était donc nécessaire de faire l'expérience avec les petites et les fortes charges des poudres de différentes espèces. Pour les charges de 3 kilogrammes et au-dessous, des poudres des pilons sans poussier, les charges ordinaires et allongées donnent les mêmes vitesses initiales; mais la charge allongée a l'avantage avec les charges plus fortes.

En comparant le chargement ordinaire à 6 kilogrammes avec un chargement à gargousse très-allongée et avec des poudres peu denses, assez denses et très-denses, on a obtenu les résultats consignés dans le tableau suivant :

Vitesses initiales à la charge de moitié du poids du boulet avec le chargement ordinaire et le chargement allongé.

POUDRE.	B.	C.	H.
Chargement ordinaire avec gargousse de 140 millim. de diam.	577^{m},8	647^{m},4	534^{m},7
Chargement allongé avec garg. de 128 millimètr. de diamètre.	596,8	646,3	545,6

Ainsi, avec le chargement allongé même au delà de ce qui est nécessaire à la conservation des canons (1), il y a compensation dans les effets avec les poudres les plus denses et avec les autres poudres; ce mode a sensiblement l'avantage sur le chargement ordinaire.

Variation des vitesses initiales des poudres d'une grande densité. — Les résultats obtenus à Esquerdes, relativement aux variations des vitesses initiales qui sont très-grandes, avec les poudres denses, lorsque le vent du boulet ou le refoulement de l'âme augmente ou diminue, ont été confirmés à Metz, ainsi que l'indique le tableau suivant, pour les poudres G, H et K, qui ont été tirées avec le canon de 12, dans ces deux séries d'expériences.

(1) Voir le Mémoire déjà cité sur le mode de chargement à adopter pour rendre les poudres inoffensives dans les bouches à feu.

Vitesses initiales des poudres d'une grande, d'une moyenne et d'une faible densité, à la charge du tiers dans les canons de 12 en bon état et dans ceux qui ont des refoulements de métal.

Lieux et époques des expériences.	Excès du diamètre de l'âme sur le calibre, à l'emplacem. du boulet.	Vitesses initiales avec la poudre.		
		K.	G.	H.
	millim.	m	m	m
Esquerdes, 1831	0 à 0,5	543,0	"	"
Metz, 1837	1,0 à 1,5	542,5	525,4	488,8
Esquerdes, 1831	3,6	528,9	504,3	483,4
Esquerdes, 1832	Plus de 9,0	485,2	483,0	474,8
Différence de vitesse dans les canons en bon état et dans ceux qui ont un fort logement	"	57,3	42,4	14,0

Les variations des vitesses initiales sont ainsi d'autant plus grandes, que les poudres sont plus denses; la diversité des instruments n'a pas d'influence sur ces résultats, car les vitesses initiales accusées par les pendules balistiques, à Metz et à Esquerdes, s'accordent très-bien, ainsi qu'on le voit dans le tableau précédent pour la poudre K tirée dans du canon de 12 à peu près dans le même état. De même, la poudre D qui avait donné à Esquerdes, avec la charge du quart, 502^m^,99, avec celle du tiers, 565^m^,45, et avec celle de moitié, 646^m^,14 de vitesse initiale au boulet de 24, a donné à Metz, avec la charge du quart, 498^m^,6, avec celle du tiers, 564^m^,97, et avec celle de moitié, 647^m^,4.

QUATRIÈME PARTIE.

EFFET DESTRUCTEUR DES POUDRES SUR LES BOUCHES A FEU.

Tir à la charge du tiers du poids du projectile. — Les grandes vitesses dont on fait usage dans l'Artillerie n'étant données par aucune espèce de poudre, avec des charges plus petites que celle du tiers du poids du projectile, on a dû employer cette charge dans le tir prolongé, destiné à faire connaître les dégradations que les poudres font éprouver aux bouches à feu dans le service. Mais le tir des poudres des meules dans les expériences faites à Esquerdes, à différentes époques, avait montré que ces poudres étaient destructives des bouches à feu, dans le tir avec des charges supérieures à celles du quart; il était donc nécessaire d'employer dans le tir prolongé, en même temps que le chargement ordinaire, un mode de chargement susceptible d'atténuer les dégradations de l'âme, pour faire usage de ces poudres brisantes sans mettre sur-le-champ les pièces hors de service, afin de voir le parti qu'on pourrait en tirer dans le service, en neutralisant autant que possible leurs propriétés nuisibles.

La convenance de ces dispositions fut constatée par les résultats de l'expérience; car après vingt-cinq coups à la charge du tiers dans trois canons de 24 en très-bon état et avec le chargement ordinaire, gargousse de 140 millimètres de diamètre, les poudres des meules D, E et K produisirent dans l'âme, à l'emplacement du boulet et de la charge, des refoulements de métal qui augmentèrent respectivement les sections méridiennes comme les nombres 146, 126 et 171 dans le plan vertical, et 238, 80 et 128 dans le plan horizontal. Ces dégradations assez considérables dispensant de continuer ce genre de tir, on fit usage du chargement avec gargousse allongée pour en comparer les résultats à ceux du tir précédent; les refoulements produits par les poudres D et E ne furent plus alors représentés que par les nombres 41 et 16 dans le plan vertical, et 9 et 14 dans le plan horizontal. La petite quantité de poudre K, qui restait pour les expériences subséquentes, ne permit pas de tirer cette poudre avec chargement allongé. Les augmentations de diamètre aux différents points de l'âme de ces canons, après 25 coups, sont indiquées dans le tableau M ci-contre.

Les canons neufs de 24 qui existaient à Metz avaient été coulés dans la même fonderie que les précédents et étaient parfaitement aux dimensions ; mais comme il n'y en avait que six, le tir prolongé ne fut exécuté que sur les poudres A, B, C, F, G et H ; les charges de 4 kilogrammes furent renfermées dans des gargousses allongées de 131 millimètres de diamètre, pour atténuer les effets destructeurs des poudres brisantes. Malgré cette précaution, les poudres très-denses C et F, après 200 coups tirés, firent éprouver aux canons dans lesquels elles furent employées, des dégradations notables, tandis que les autres poudres A, B, G et H ne firent éprouver à leurs bouches à feu que des refoulements peu considérables.

Les augmentations de diamètre éprouvées par les différentes parties de l'âme des canons furent constatées, comme dans le tir précédent, par les membres de la Commission des principes du tir, et sont indiquées dans le tableau N ci-contre.

Affouillements. — Indépendamment du refoulement de métal, le tir prolongé a donné naissance à d'autres dégradations qui ont été plus fortes avec les poudres denses qu'avec les autres, il s'est formé quelques affouillements dans les parties supérieures de l'âme, vers l'emplacement du boulet ; leur plus grande profondeur a été de $5^{mm},8$ et de $4^{mm},7$ pour les poudres C et F, de $3^{mm},6$ pour la poudre G et de $3^{mm},0$ pour la poudre H. Il n'existait pas d'affouillement pour la poudre ancienne A, et il était très-léger pour la poudre B. Ces affouillements qui, d'après les expériences de Strasbourg, en 1823 et 1824, ne peuvent être empêchés, dans un tir assez vif pour échauffer les pièces, qu'en plaçant un tampon de terre glaise entre la poudre et le boulet, n'ont pris un accroissement rapide que vers le 150e ou le 175e coup de chaque pièce. L'échauffement des canons avait rendu un grand nombre de taches d'étain très-visibles sur leur surface extérieure. Un résultat analogue avait déjà été remarqué par la Commission des principes du tir : le canon de 24, le *Ney*, de la même fonderie que les précédents et de la même coulée que trois d'entre eux, tira, en 1834 et 1835, 133 coups, dont les deux tiers à la charge de moitié du poids du boulet, avec gargousse allongée, sans qu'aucun affouillement, logement ni refoulement de métal se présentât; la pièce eût été encore de recette dans une fonderie. Plus tard, le même canon fut tiré, d'après l'ordre de l'inspecteur général en tournée, 150 coups en une seule séance, à la charge du tiers du poids du boulet avec les poudres ordinaires; tous les 30 coups, l'état de l'âme du canon était vérifié; la poudre était placée dans une gargousse de 131 millimètres de diamètre, mais le chargement était refoulé assez fortement pour n'occuper dans l'âme que la longueur ordinaire avec gargousse de 140 millimètres. Le tir, exécuté aussi vivement que possible, moyennement 1′42″ par coup, ne fit pas éprouver au canon de refoulement de métal sensible, le diamètre vertical n'ayant au plus que 1mm,1 au-dessus du calibre, et l'horizontal, 0mm,5; mais du 120e au 150e coup de ce tir, il se produisit, près de l'arête supérieure de l'âme et vers l'emplacement du boulet, un affouillement de 4mm,6 à 5mm,0 de profondeur maximum. Des empreintes des différentes parties de l'âme, prises plusieurs fois, montrèrent l'âme très-lisse dans la partie inférieure, et intacte dans l'endroit où reposait le boulet; mais les parties supérieures de l'âme présentaient, surtout en avant du boulet, un assez grand nombre de piqûres qui annonçaient des commencements d'affouillement.

Tir à la charge de moitié du poids du boulet. — La petite quantité de poudre de chaque espèce qui restait encore ne permettant pas de tirer, à la charge du tiers du poids du boulet, un assez grand nombre de coups pour suivre les dégradations des bouches à feu, et comparer, sous ce rapport, les différentes poudres et les deux modes de chargement, chaque poudre fut tirée, 8 coups à la charge de moitié du poids du projectile, 4 coups avec le chargement ordinaire, et 4 coups avec la gargousse allongée, de 131 millimètres de diamètre. Les dégradations éprouvées par les bouches à feu, avec le chargement ordinaire, classèrent les poudres de la même manière que dans le tir (1) au tiers du poids du boulet. Les poudres des meules et la poudre dense des tonnes C, D, E, K et F produisirent des dégradations beaucoup plus fortes que les autres poudres, et surtout que les poudres des pilons, anciennes et actuelles, dont les effets destructeurs furent insignifiants.

Le chargement avec gargousse allongée rendit les dégradations de beaucoup moins fortes; car celles-ci furent diminuées généralement de $\frac{4}{5}$ de ce qu'elles étaient avec le chargement ordinaire.

Les augmentations de diamètres éprouvées par les différentes parties de l'âme des canons, et constatées par les membres de la Commission des principes du tir, sont consignées dans le tableau P ci-contre.

Le tir au canon-pendule avait déjà montré que la poudre

---

(1) A Esquerdes, en 1835, le tir du canon de 24, le *Franklin*, produisit en 5 coups, à la charge de moitié du poids du boulet avec la poudre D, une augmentation de surface des sections méridiennes représentée par les nombres 421 dans le plan vertical et 402 dans le plan horizontal.

des meules, très-dense, dégradait considérablement le canon de 24, par le tir de chaque coup à la charge de moitié du boulet, et que le chargement à gargousse allongée atténuait sensiblement cette dégradation. En effet, un coup de chacune des poudres C, B et H, les dernières étant peu offensives, avait produit un refoulement ou augmentation de surface des sections méridiennes représentée par les nombres 160 dans le plan vertical, et 125 dans le plan horizontal. Le tir des mêmes poudres à grain de mousqueterie produisit ensuite des augmentations représentées par les nombres 170 et 135. Le tir avec chargement allongé, effectué ensuite, ne produisit que des augmentations de 40 dans le plan vertical, et de 60 dans le plan horizontal.

CINQUIÈME PARTIE.

RÉSUMÉ GÉNÉRAL ET CONCLUSIONS.

Il se forme dans les poudres non lissées et d'une moyenne densité une grande quantité de poussier, qui diminue sensiblement leurs effets balistiques dans les canons, surtout lorsqu'on les emploie dans les gros calibres. Un léger lissage suffit pour empêcher la formation de la plus grande partie de ce poussier et pour remédier à l'inconvénient signalé.

La quantité d'humidité absorbée par les poudres est à très-peu près proportionnelle à la quantité de charbon qui y est contenue, quel que soit le procédé de fabrication. Les poudres se détériorent d'autant plus vite à l'humidité, que la densité de leurs grains est plus grande, quelle que soit d'ailleurs leur dureté. Après un court séjour dans une atmosphère très-chargée d'humidité, les poudres très-denses perdent une grande partie de leurs effets balistiques et ne sont plus susceptibles de les recouvrer, lors même qu'elles sont séchées avec le plus grand soin ; elles crassent alors beaucoup les armes, et il est indispensable de les radouber pour pouvoir s'en servir. Les poudres peu denses ou d'une densité moyenne, placées dans les mêmes circonstances, perdent peu de leurs effets balistiques, et reprennent entièrement leur force primitive lorsqu'elles sont séchées.

La densité apparente des grains de poudre ne peut être prise facilement, au moyen du mercure, que lorsque leur grosseur n'est pas inférieure à celle du grain à mousquet; de plus, il est nécessaire de se servir d'appareils qui permettent d'opérer sous de fortes pressions, ou en purgeant la poudre d'air.

Le procédé des meules est plus susceptible que les autres de donner aux poudres de grandes densités; avec celui des pilons, au contraire, la densité ne peut pas dépasser une certaine limite assez peu élevée, même en prolongeant la durée du battage et en lissant beaucoup. Malgré cela, l'agrégation des composants des poudres triturées par les pilons est plus complète, leurs molécules étant plus rapprochées les unes des autres que dans les poudres des autres procédés.

La rapidité de combustion des poudres à charbon roux, triturées quatre heures sous les meules, n'est pas arrivée à son maximum, tandis que celui-ci est atteint dans les poudres à charbon noir. Les poudres anciennes et celles des tonnes ont une moins grande rapidité de combustion que les autres poudres.

La rapidité d'inflammation des traînées de poudre diminue à mesure que la densité des grains augmente; elle est plus faible pour les poudres lissées que pour celles qui ne le sont pas.

Les effets balistiques des poudres dans le mortier éprouvette et dans les mortiers ordinaires sont d'autant plus grands et d'autant moins variables, avec l'humidité et la grosseur des grains, avec le vent du projectile et les dégradations de l'âme, que les poudres sont moins denses. Les poudres ordinaires des pilons ont un grand avantage sur toutes les autres, sous le rapport de l'étendue et de la régularité des portées.

Les effets balistiques des poudres de guerre dans les fusils sont d'autant plus grands et d'autant moins variables, avec l'humidité et la grosseur des grains, que ceux-ci sont moins denses; mais avec les fins grains, les poudres denses ont l'avantage, et le classement des poudres s'approche alors de l'ordre des pesanteurs spécifiques.

Les effets balistiques des poudres dans les canons augmentent avec la densité des grains, surtout pour les fortes charges; mais avec les poudres denses, ces effets sont très-variables et diminuent rapidement à mesure que le vent du projectile ou les dégradations de l'âme vers son emplacement augmentent.

Le dosage des poudres et la nature du charbon employé n'ont pas un effet assez sensible sur leur force balistique, pour qu'on puisse les distinguer parmi ceux qui sont dus aux autres causes de variations, dont l'influence sur les résultats est beaucoup plus grande.

Les poudres très-denses dégradent très-promptement les bouches à feu en bronze, dans le tir à la charge du tiers du poids du boulet, avec le mode de chargement en usage; le chargement avec gargousse allongée atténue beaucoup les dégradations de ces poudres brisantes, et rend insignifiantes celles des poudres d'une moyenne densité.

Le tir à la charge de moitié du poids du boulet avec les poudres denses, pour obtenir d'énormes vitesses initiales qui dépassent 650 mètres, ne peut avoir lieu dans les bouches à feu en bronze, sans les mettre hors de service en peu de coups, avec le chargement ordinaire. Le chargement à gargousse allongée réduit considérablement les dégradations des bouches à feu, tout en conservant au projectile ces grandes vitesses initiales.

Conclusions. — Les épreuves variées auxquelles ont été soumises les différentes espèces de poudre mises en expérience ont fait connaître les propriétés particulières à chacune d'elles, et les rapports qui existent entre les caractères physiques des poudres et leurs effets balistiques, leur effet brisant et leur conservation.

Les faits généraux qu'on peut en déduire sont ceux-ci :

1°. Les poudres dont le grain a une grande densité, qu'elles aient été fabriquées par les meules ou par les tonnes et le laminoir, et quels que soient le dosage et la nature du charbon, sont susceptibles de se détériorer à l'air et à l'humidité, et cela a lieu d'autant plus rapidement qu'elles contiennent plus de charbon; elles ont des effets balistiques qui varient beaucoup avec la quantité d'humidité qu'elles ont pu contenir et la grosseur de leurs grains; avec les grains à canon, ces effets sont très-faibles dans les mortiers et au fusil-pendule, mais ils sont très-grands dans les canons, surtout avec les fortes charges (1); enfin, ces poudres détériorent les bouches à feu beaucoup plus que les autres poudres, et les mettent promptement hors de service à la charge du tiers du poids du boulet, charge qu'il est nécessaire d'employer pour obtenir les vitesses initiales dont on fait usage dans l'Artillerie.

2°. Les poudres d'une moyenne densité, soit des tonnes, soit des pilons, sont susceptibles de se conserver longtemps, même à l'humidité; leurs effets balistiques, d'une très-grande énergie dans les mortiers et dans les fusils, conservent une grande régularité, soit qu'on fasse varier la grosseur des grains, soit qu'on les expose à des alternatives de sécheresse et d'humidité. Ces poudres ont assez de dureté pour ne pas produire une quantité de poussier nuisible à leurs effets, lorsqu'elles sont un peu lissées; mais dans le cas contraire ,

---

(1) Dans une séance de tir à la charge du tiers du poids du boulet, qui eut lieu par un vent froid et sec, le bruit de l'explosion des canons de 24 brisa un grand nombre de carreaux de vitres dans le village de Saint-Julien, situé à une distance de 1400 mètres de la batterie.

leurs effets dans les canons sont sensiblement diminués, surtout lorsqu'on les emploie à fortes charges. Enfin ces poudres réunissent, à un plus haut degré que les autres, les qualités indispensables à toute poudre pour être d'un bon service à la guerre.

3°. Les poudres très-anciennes conservent une grande force dans le canon, mais leurs effets sont très-faibles dans le mortier et dans les fusils, et elles se rapprochent, sous ce rapport, des poudres très-denses.

4°. Les poudres dont l'agrégation des composants est la plus complète sont celles qui ont été triturées par les pilons; les poudres des meules de quatre heures de travail viennent après; enfin les poudres tonnes et presses sont au dernier rang.

5°. La nature du charbon et le dosage ne paraissent pas avoir une grande influence sur les effets balistiques des poudres de guerre; cependant le charbon roux, combiné avec une grande densité et une petite grosseur de grain, donne de grandes vitesses.

6°. Le chargement à gargousse allongée atténue généralement des $\frac{4}{5}$ les dégradations des canons produites avec le chargement ordinaire, sans que les vitesses initiales de projectile soient diminuées; ce mode de chargement, qui serait indispensable si l'on voulait employer dans les bouches à feu des poudres ayant de plus grands effets balistiques que les poudres actuelles, est utile, avec ces dernières, pour prolonger la durée des canons de bronze, et pour prévenir les accidents d'éclatement que les canons en fonte de fer présentent dans le service.

APPENDICE.

POUDRES ÉTRANGÈRES.

Chacun des procédés de fabrication de la poudre, soit par les pilons, soit par les tonnes, soit par les meules, est susceptible de donner des produits très-variables, suivant les modifications qu'on y apporte; ainsi, indépendamment de l'influence due au degré de carbonisation plus ou moins avancée du charbon, le mode dont on se sert pour réduire la matière en galette, permet de donner aux grains des densités très-différentes et fait varier les propriétés et les effets des poudres de chaque procédé dans des limites très-étendues. Les expériences de Metz, dont le résumé précède, quoique exécutées sur une grande échelle, ne pouvant comprendre qu'un certain nombre de poudres de chaque espèce, il était important de faire subir les mêmes épreuves aux poudres de guerre des principales puissances de l'Europe, qui emploient ces divers modes de fabrication. D'ailleurs, la comparaison des effets de ces poudres était intéressante à établir sous plusieurs autres rapports. En conséquence, des épreuves comparatives furent faites à Metz, en 1837, dans les mêmes conditions que les précédentes, sur les poudres à canon et à mousquet, françaises, anglaises et prussiennes; les résultats de ces épreuves sont consignés dans le tableau suivant :

Expériences comparatives sur les poudres de guerre françaises et étrangères.

Espèce de poudre.	Nombre de grains au gramme.	Densité gravimétrique de la poudre: non tassée	Densité gravimétrique de la poudre: tassée.	Pesanteur spécifique des grains.	Densité des grains: appar.	Densité des grains: absolue.	Humidité que les grains peuvent absorber sans se déformer.	Vitesse d'inflammation des traînées de poudre.	Vitesse initiale au fusil chargé de 10 gramm.
Poudre à canon.								m	m
France. Metz, H	533	839	954	1555	1510	1925	17,7	1,70	497
Angleterre. Tumbridge	198	920	1000	1555	1610	18[illegible]0	10,4	"	421
Angleterre. Hounslow. Cannon gross.	352	890	955	1585	1560	1920	14,8	"	421
Angleterre. Hounslow. TL	492	760	815	1460	1440	1885	21,4	"	462
Angleterre. Dartford. D/TL, cannon fine.	615	875	955	1660	1610	1885	10,6	"	458
Angleterre. Dartford. D/CG, cannon gross.	222	925	980	1450	1595	1890	11,6	"	414
Poudre à mousquet.									
France. Metz, H	790	815	890	1580	1510	1960	19,7	1,67	500
Angleterre. Dartford. D/CF, cannon F.	6510	890	975	1690	1500	1895	17,5	"	500
Angleterre. Dartford. TF, M. fine.	5726	860	940	1780	1560	1855	12,1	"	494
Prusse. F, poudre fine, ancien procédé.	7100	885	965	1595	1540	1900	15,2	1,35	465
Prusse. PN, nouveau procédé.	6660	890	985	1660	1500	1875	16,6	1,58	488

Les poudres de guerre étrangères furent soumises de nouveau à l'expérience à Paris et au Bouchet, en 1842 et 1843; les poudres à canon et à mousquet, françaises, anglaises, autrichiennes, prussiennes et russes, ont été comparées entre elles, ainsi qu'on le voit dans le tableau suivant:

Nouvelles expériences comparatives sur les poudres de guerre françaises et étrangères.

ESPÈCE DE POUDRE.	Nombre de grains au gramme.	Densité gravimétrique de la poudre		Densité apparente des grains prise dans		Vitesse d'inflammation des traînées de poudre.	Portées au mortier éprouvette.	Vitesse initiale au	
		non tassée.	tassée.	l'air.	le vide.			fusil chargé de 10 grammes.	canon de 12 chargé de 2 kilogramm.
Poudre à canon.						m	m	m	m
France	385	840	955	1484	1521	1,125	242,4	484	494,00
Angleterre. Hounslow	700	915	975	1666	1717	1,136	233,2	472	503,22
Angleterre. Dartford	705	921	"	1653	1709	"	"	454	"
Angleterre. Waltham-Abbey	405	929	"	1620	1678	"	"	480	"
Autriche	450	912	983	1535	1564	0,961	239,2	478	490,52
Prusse	1440	870	948	1458	1496	0,909	244,6	492	499,79
Russie	310	848	940	1475	1496	1,000	243,1	471	489,71
Poudre à mousquet.									
France	1488	818	"	1480	1542	"	"	469	"
Angleterre. Hounslow	3940	861	"	1544	1709	"	"	490	"
Angleterre. Dartford	9060	798	"	"	1522	"	"	489	"
Angleterre. Waltham-Abbey	7910	866	"	"	1685	"	"	486	"
Angleterre. De Rifflemann	9730	"	"	"	1653	"	"	482	"
Autriche	4690	907	"	1483	1522	"	"	474	"
Prusse	6910	881	"	1477	1546	"	"	487	"
Russie	2430	900	"	1574	1594	"	"	479	"

Hygrométricité des poudres. — Les épreuves d'hygrométricité, comprises dans les expériences sur les poudres de guerre des différents procédés de fabrication, avaient montré (pages 52 et suivantes) que les quantités d'eau absorbées dans les lieux humides étaient d'autant plus grandes que les poudres contenaient plus de charbon ; il était bon de vérifier ces résultats sur de nouvelles poudres fabriquées en divers pays. C'est dans ce but que furent faites, à Metz, les expériences suivantes sur les poudres françaises, anglaises et prussiennes :

Quantités d'eau absorbées dans l'air saturé d'humidité par 100 parties de poudre.

Dosage.	Espèce de poudre.	Nombre de jours de l'exposition des poudres à l'humidité.						
		3.	6.	9.	12.	16.	20.	24.
	Poudre à canon.							
75, 10, 15....	Tumbridge..................	4,6	7,4	9,7	11,8	14,7 (*)	18,1 (**)	20,2 (***)
	Hounslow, cannon gross.......	2,5	4,8	6,7	8,5	12,0	16,4 (**)	19,0 (***)
	Dartford, $\frac{D}{CG}$, cannon gross..	3,0	6,0	8,7	10,3	13,4	17,6 (*)	20,1 (**)
	Poudre à mousquet							
75, 12 ½, 12 ½.	Metz, H	1,8	3,4	5,0	6,4	8,5	11,6	14,0
75, 11 ½, 13 ½.	Prusse.. F, ancien procédé ...	2,3	3,9	5,8	7,6	10,2	14,0 (*)	16,6 (**)
	Prusse.. PN, nouveau procédé.	2,3	4,7	6,7	8,1	10,8	14,6 (*)	17,2 (**)

(*) Le salpêtre commence à effleurir à la surface du grain.
(**) Le salpêtre se sépare du grain.
(***) Le grain est déformé.

Des résultats semblables ont été obtenus avec des poudres fabriquées par les meules à Esquerdes et en Belgique, avec divers dosages de charbon.

Quantités d'eau absorbées dans l'air saturé d'humidité par 100 parties de poudre.

Lieux de fabrication.	Dosage.	Espèce de poudre.	Nombre de jours de l'exposition des poudres à l'humidité.					
			1.	8.	16.	31.	59.	73.
Belgique..	70, 14, 16.	A canon......	1,2	7,4	13,0	22,8	32,5	"
		A mousquet...	1,5	8,7	14,5	25,1	30,7	"
Esquerdes.	75, 10, 15.	C, à canon...	1,3	6,1	8,5	14,3	26,2	34,2
		C, à mousquet.	1,4	6,1	9,5	15,6	32,0	39,3
	76, 11, 13.	D, à canon...	1,4	6,3	9,8	16,0	31,0	40,8
	75, 12½, 12½	E, à canon....	1,0	4,9	7,2	12,8	22,9	31,2

Les expériences de Metz ayant également fait voir que le mélange des composants des poudres très-denses et chargées de charbon, se désorganisait beaucoup plus promptement dans l'air humide que celui des poudres ordinaires, les épreuves d'hygrométricité furent répétées sur la poudre de guerre française et sur une autre fabriquée à l'imitation de la poudre à canon anglaise. Les grains de la première poudre, contenant 12 et demi pour 100 de charbon noir, avaient une densité apparente de 1 500, tandis que ceux de la seconde, ayant 15 pour 100 de charbon roux, en avaient une de 1 700. Après quinze jours d'exposition à l'air saturé d'humidité, 8gr,6 de salpêtre avaient été expulsés de 100 grammes de poudre anglaise, tandis que le mélange de la poudre française était encore intact; l'expérience fut prolongée sur cette dernière poudre, et après trente jours d'exposition, le salpêtre qu'elle avait perdu n'était que de $0^{gr},9$, environ la dixième partie de la quantité séparée des grains anglais après un séjour à l'humidité moitié moins long.

Poudres anciennes. — Les expériences de Metz avaient aussi montré que les poudres très-anciennes, quoique conservant bien en magasin leur propriété pendant des siècles, absorbaient cependant plus d'humidité que les autres poudres des pilons, et perdaient plus facilement de leur force balistique. Ces résultats ont été confirmés par les épreuves faites à Esquerdes, en 1837, et sont consignées dans le tableau suivant :

Quantités d'eau absorbées dans l'air saturé d'humidité par 100 parties de poudre.

Dosage.	Fabrication.	Nombre de jours de l'exposition des poudres à l'humidité.										Vitesses initiales au fusil,		Différence.
		1.	8.	15.	31.	46.	61.	76.	92.	98.		avant l'expér.	après l'expér.	
	h											m	m	m
76, 11, 13.	Meules. 4. 1835	0,6	2,2	3,3	6,0	8,8	14,7	18,9	26,0	28,0	34,3	461,18	353,87	107,31
75, 12 ½, 12 ½.	Pilons..14. 1816	0,3	2,1	3,4	5,7	7,3	13,0	18,3	22,9	25,6	"	430,84	343,60	87,24
	Pilons..11. 1832	0,2	1,9	3,2	5,5	7,9	14,5	19,9	26,5	29,0	"	405,25	323,62	81,63
	Pilons..24. 1689	0,5	3,2	4,6	7,8	11,3	17,5	23,4	30,1	"	"	481,16	221,46	259,70

Les propriétés balistiques de la poudre ancienne se sont ainsi beaucoup plus affaiblies que celles des autres, par suite de l'exposition à l'humidité; quoique après l'épreuve elle eût été séchée avec soin et époussetée, la vitesse initiale imprimée à la balle de fusil s'est trouvée réduite de plus de moitié.

Tableau M. — *Augmentations des diamètres de l'âme des canons de 24 tirés 25 coups à la charge du tiers du poids du boulet, avec des gargousses ordinaires et avec des gargousses allongées.*

Désignation des poudres / Noms des canons.	D. le Dubreton.				E. le Bolivar.				K. le Brayer.	
Mode de chargement.	Ordinaire.		Allongé.		Ordinaire.		Allongé.		Ordinaire.	
Diamètre.	Vertical.	Horizontal.	Vertical.	Horizontal.	Vertical.	Horizontal.	Vertical.	Horizontal.	Vertical.	Horizontal.
Distance à la bouche.	points.	points.	points.	points.	points.	points.	points.	points.	points.	points.
9pi 5po	5 1/4	3	3/4	0	4	2 1/4	0	1/4	7 1/4	4 1/2
4	6 1/2	3 1/2	0	1/2	4 1/4	2 3/4	1/2	1/2	6 3/4	5
3	5 1/4	4	3/4	0	4 3/4	3	0	1/4	7 3/4	5 3/4
2	5 1/2	3	1/2	0	6	2 1/4	0	1 1/2	7 1/2	6 1/4
1	5	4 1/2	1 1/4	0	5 3/4	3 1/4	1/4	1	8	7 1/2
9. 0	5	3 1/2	1/2	1/2	5 1/2	3	1/2	1/2	8 1/4	8
8. 11	6	3	1	1/2	5 1/2	2	1/4	1 3/4	9 1/4	8 3/4
10	6	4 1/4	1/4	1/4	5	4	1/4	0	8 1/2	8 3/4
9	5 1/4	4	3/4	0	4	3 1/2	0	0	9	8 3/4
8	5 1/4	4	2 1/4	0	3 3/4	4	0	0	9	10
7	5	4 3/4	2 1/2	0	2	2 3/4	2	0	8	10 3/4
6	4 1/2	4	1 1/2	1/2	3	2 1/4	1/2	0	6 3/4	11 3/4
5	3	2	1/2	1/2	3	2	1/4	1/2	5	2 3/4
4	1	1	2 1/2	1	2	1 3/4	1 1/4	0	4	1/2
3	2	1/2	0	3/4	2 1/2	1	3/4	1/4	3/4	1 1/2
2	0	0	1	0	1 3/4	1 3/4	0	0	1 1/2	3/4
1	1 3/4	0	1/4	0	1	1 3/4	0	0	1	0
8. 0	1/2	0	1/2	0	1 1/4	1/2	1/4	0	0	0
7. 11	1 1/2	1/4	1/2	1/4	1 1/2	1	1/4	0	3/4	0
10	1	0	0	0	2	1 1/2	0	0	1/4	0
9	1	1 1/4	1/2	0	2 1/2	3/4	0	1/2	3/4	0
8	1/4	3/4	1 3/4	0	2 1/4	0	0	3/4	1/4	0
7	1	0	1 1/4	0	2 1/2	1/2	0	1/2	0	1/2
6	1/4	0	2 1/2	0	2 3/4	3/4	0	0	1 1/4	1/4
5	0	1	2 1/4	0	3/4	1 1/2	1/4	0	1 3/4	0
4	1 1/4	1 1/4	1 3/4	0	1	1/2	0	1/2	1	1/2
3	1 1/2	2 1/2	1	0	1	1	0	1/2	1 3/4	0
2	1 1/2	2 1/2	1 1/4	0	1	1 3/4	0	1/4	1	1/4
1	1	3 3/4	1	1/2	1	3/4	0	1/4	1 1/4	1/4
7. 0	2 1/4	3 1/4	1 1/4	0	1/2	1	3/4	0	1/2	0
6. 9	1	2	0	0	1	3/4	0	0	1/4	3/4
6	1	2	0	0	1	1/4	— 1/2	0	1/4	0
3	1	1 1/4	0	0	1	1/4	0	0	0	1/4
6. 0	1 1/4	2 1/4	1/4	0	3/4	1/4	0	0	1/2	0
5. 9	4 1/2	2	0	0	1 1/2	1/4	0	0	1	3/4
6	3	2	1/2	0	1/2	1 1/4	0	3/4	3/4	0
3	2 1/2	3	0	1/4	1	1/2	0	0	3/4	1/2
5. 0	1/2	2 3/4	0	1/4	1 1/2	1/2	0	0	1/2	1/4
4. 9	2 1/4	3	0	0	1	1/4	0	0	1/2	1/4
6	0	5 1/4	0	0	0	1/2	3/4	0	1	1/2
3	1 3/4	4 1/4	0	0	1/2	1/2	0	0	1 3/4	1/2
4. 0	3/4	4 1/2	1/2	0	0	1/4	1/4	1/4	1 3/4	1/4
3. 9	0	6 1/2	1/2	0	0	0	1/4	0	1 1/2	1/2
6	1/2	4 3/4	0	0	0	0	1/4	0	1/2	1/4
3	0	5 1/4	0	3/4	3/4	1/4	0	0	1/2	1/4
3. 0	0	3 3/4	0	0	1 1/4	1/4	0	0	1/2	1
2. 6	1/2	1 1/2	1/2	0	1/2	1	1/4	0	3/4	3/4
2. 0	0	0	0	0	0	0	0	0	1/2	1/4
1. 6	0	0	1/4	0	1/4	0	1/4	0	0	1/2
1. 0	0	0	0	0	3/4	1/4	0	1/4	1/2	0
6	0	1/4	0	0	1/2	0	0	0	3/4	0
0	0	0	0	0	»	»	0	0	»	»
Augmentat. de surface des sect. méridiennes.	146	238	41	9	126 1/4	80 1/4	15 3/4	14 1/4	170 3/4	127 3/4

Tableau N. — *Augmentations des diamètres de l'âme des canons de 24 tirés 200 coups à la charge du tiers du poids du boulet avec des gargousses allongées.*

Désignation des poudres. Noms des canons.	A. L'Enfer.		B. L'Ordner.		C. Le Roland.		F. Le Benj.-Constant		G. L'Éclat.		H. Le Washington.	
Diamètre.	Vertical.	Horizontal.	Vertical.	Horizontal.	Vertical.	Horizontal.	Vertical.	Horizontal.	Vertical.	Horizontal.	Vertical.	Horizontal.
Distance à la bouche.	points.	points.	points.	points.	points.	points.	points.	points.	points.	points.	points.	points.
9pi 5po	3 3/4	3	1	1	2 1/4	2 1/4	1	3/4	1 1/2	1	— 1/4	— 1/4
4	4 1/4	3 1/2	3/4	1/2	3	2	13	9 3/4	1 1/4	1 1/4	0	— 1/4
3	5	4 1/4	1 1/4	1	3	2 3/4	15	10 1/2	1 1/2	1 1/4	0	— 1/2
2	5 1/4	4 1/2	1 1/4	1	2 3/4	2 3/4	12 1/2	10 1/2	1 1/2	1 1/2	0	— 1/4
1	5 3/4	4 3/4	1 3/4	3/4	2 3/4	3 1/4	12 1/2	10 1/2	1 1/2	1 1/4	0	— 1/2
9. 0	6	4 3/4	1 3/4	1/2	2 3/4	2 1/4	12	10	1 1/2	1 1/4	0	— 1/4
8. 11	6	4 1/2	1 3/4	1	2 3/4	2 3/4	10 1/2	9 1/2	1 1/2	1	— 1/4	— 1/2
10	5 3/4	4 1/2	1 3/4	1/2	2 3/4	2 3/4	8 1/4	8 3/4	1	1	— 1/4	— 1/4
9	5 1/4	4 1/4	1/2	1/2	3 1/4	3 1/4	8 1/2	7 3/4	1	1/2	0	— 1/2
8	4 1/4	4	1/2	1/2	3 1/4	3 1/4	6 3/4	6 3/4	1	1/2	0	— 1/4
7	4	3 3/4	1	1/2	4 1/4	3 3/4	15 1/4	5 3/4	1/2	3/4	0	— 1/4
6	3 3/4	3 3/4	1	1/2	4 1/2	3 3/4	10 1/4	5 1/4	1	1/2	0	— 1/2
5	2 3/4	3 3/4	2	1/2	5 1/4	3 3/4	8 1/4	4 1/4	2 1/4	1/4	1/2	— 1/2
4	5	3	2 1/2	1/4	27 3/4	2 1/4	6 1/4	3 1/4	1 3/4	1/2	1	— 1/2
3	4	1 1/4	2	0	7 1/2	1 3/4	5 1/4	2 3/4	2 1/2	1/2	2	1/4
2	1 1/4	1/2	1/2	1/4	5	1 3/4	1 1/2	2 1/4	2	1/4	2	— 1/2
1	3/4	1/2	— 1/2	— 1/4	1	1 3/4	1	1 1/4	3/4	1/4	1/2	— 1/2
8. 0	1	1/2	— 1/4	0	— 1/2	2 1/4	1/2	3/4	1/2	1/4	0	0
7. 11	1	1/2	1/4	0	1	1 1/4	1/2	1/4	1	1/4	1/2	— 1/4
10	1	1/2	1/4	0	1	[illegible]	0	1 1/4	1	1/4	1/2	— 3/4
9	1	1/2	1/4	0	0	1	1/4	1 1/4	3/4	1/4	1/4	— 1/4
8	1	1/2	— 1/4	1	1 1/2	1	0	1 1/4	1	1/4	1/4	— 3/4
7	1 1/2	1/2	3/4	1 1/4	2	2	0	3/4	1/2	1/4	1/4	— 1/4
6	2	1/2	1 1/4	1 1/4	3	2	2	1 1/4	1/4	1/4	1/4	— 1/4
3	1 3/4	3/4	1 1/2	0	4	2 1/2	2 1/2	1/4	1	1/4	1 1/4	— 1/2
7. 0	1 1/4	1/2	1 1/2	— 1/4	3	2 1/4	2	0	3/4	3/4	1 1/4	1/4
6. 9	1 1/4	1/2	1	— 1/2	1 1/2	3	1 1/2	1/2	1/4	1 1/2	3/4	— 1/2
6	3/4	1/4	1/2	0	1/2	— 1/2	1	1/2	1/2	1 3/4	1	— 1/2
3	1/4	1/4	0	0	1/2	1/2	1	1/2	1/4	1 1/4	3/4	— 1/2
6. 0	1/4	1/4	1/2	0	2	2 1/2	1/2	1	3/4	1	1/2	— 1/2
5. 9	1/4	1/2	»	»	»	»	»	»	0	1	»	»
6	3/4	1/2	1	1	4	1 1/2	2	2	1/4	1/2	1/2	— 1/2
3	3/4	1/4	»	»	»	»		»	1 1/4	1/4	»	»
5. 0	3/4	3/4	2	1/2	3 3/4	2	1 1/2	1	3/4	1/2	0	— 1/2
4. 9	1/2	1/2	»	»	»	»	»	»	3/4	1/4	»	»
6	1/4	1/4	1	0	1	0	1 1/2	1 1/2	3/4	1/2	1/2	1/4
3	3/4	0	»	»	»	»	»	»	3/4	1/2	»	»
4. 0	1/4	0	3/4	0	1/4	1/4	1	1/4	1/2	1/2	1/2	0
3. 9	0	1/4	»	»	»	»	»	»	1/4	1/4	»	»
6	1/4	0	3/4	1/2	3	2 1/4	1	1/2	1/2	1/2	3/4	0
3	1/4	0	»	»	»	»	»	»	0	0	»	»
3. 0	1/4	0	1	1/2	2 1/4	3	1 1/4	3/4	1/2	1/2	1/4	— 1/4
2. 6	1/4	0	0	1/2	4 1/2	2 1/2	1 1/4	1 3/4	0	1	1/4	0
2. 0	1/4	— 1/4	0	1/4	3/4	1	3/4	3/4	3/4	1/2	3/4	— 1/4
1. 6	1/4	0	3/4	1/2	1/2	2 1/2	3/4	1 1/2	0	1/4	— 1/4	0
1. 0	1/4	0	1/4	— 1/4	1 1/2	1 1/4	1/2	1 1/4	1/2	0	— 1/4	— 1/4
6	1/4	1/4	1/2	0	2	1	1 1/4	1/4	1/4	0	— 1/4	— 1/4
0	3/4	1/4	3/4	0	4	1 3/4	1/2	3/4	1/4	3/4	1/2	1/2
Augmentation de surface des sections méridiennes.	125 1/4	80	70	24 1/4	248	174 3/4	231 1/2	180	67 1/4	65 1/2	35 3/4	»

Tableau P. — *Augmentations des diamètres de l'âme des canons de 24 tirés à la charge de moitié du poids du boulet, avec des gargousses ordinaires et avec des gargousses allongées.*

…mbres …nons	A. L'Espoir				B. L'Ordre				C. Le Roland				D. Le Dubreton				E. Le Bolivar				F. Le Benjamin-Constant				G. L'Éclat				H. Le Washington				K. Le Brayer				L. Le Sénéchal			
…gousses.	Ordinaire.		Allongé.		Ordinaire.		Allongé.		Ordinaire.		Allongé.		Ordinaire.		Allongé.		Ordinaire.		Allongé.		Ordinaire.		Allongé.		Ordinaire.		Allongé.		Ordinaire.		Allongé.		Ordinaire.		Allongé.		Ordinaire.		Allongé.	
…re.	Vertical.	Horiz.	Vertical.	Horiz.	Vertical.	Horiz.	Vertical.	Horiz.	Vertical.	Horiz.	Vertical.	Horiz.	Vertical.	Horiz.	Vertical.	Horiz.	Vertical.	Horiz.	Vertical.	Horiz.	Vertical.	Horiz.	Vertical.	Horiz.	Vertical.	Horiz.	Vertical.	Horiz.	Vertical.	Horiz.	Vertical.	Horiz.	Vertical.	Horiz.	Vertical.	Horiz.	Vertical.	Horiz.	Vertical.	Horiz.
…bouche, 1er	points.	points.	points.	points.	points.	points.	points.	points.	points.	points.	points.	points.	points.	points.	points.	points.	points.	points.	points.	points.	points.	points.	points.	points.	points.	points.	points.	points.	points.	points.	points.	points.	points.	points.	points.	points.	points.	points.	points.	points.
	0	0	0	0	2¾	1½	0	¼	10	8½	¼	1	6¼	6	3	2¼	1¼	3	2	2	7½	5¼	3½	3¼	¼	1	1	½	0	0	½	0	3½	3	–	–	1½	2	¼	0
	0	0	0	0	3	2	0	0	9½	9½	¼	1½	10¼	8½	0	0	2½	2½	¼	0	7	8½	5½	3¼	1	¼	1	¼	0	0	0	0	2½	3	1½	1	1½	3½	¼	0
	0	0	0	0	2¾	2½	0	0	11½	10¾	¼	¼	11¼	10	½	0	3½	3½	¾	0	8	9	5	3½	¾	¼	1	1	0	½	0	0	3½	4	0	0	2	3½	½	¼
	0	0	0	0	3¼	2¼	0	¼	12¼	12	1	½	12¼	11¼	1¼	1¼	3½	2½	¼	¼	10¼	10½	4½	3½	¾	½	1	¼	0	0	0	0	5	4½	0	¼	2¼	2¾	1	¼
	0	0	0	0	3¼	3½	0	0	13¼	12¾	1	1	12¾	13½	1¾	½	4½	3¼	0	0	10¾	11	4½	4	1	½	¾	1	0	0	0	0	5¼	4¼	0	½	2	2	½	¼
	¼	0	0	0	3½	4	0	0	14	13¾	1½	¼	15¼	14½	¼	½	5	4½	0	0	11½	12	5½	4½	1	¼	¼	¼	0	0	0	0	6½	5	0	0	2½	2½	1½	¼
	0	0	0	0	3½	3½	0	0	14½	13¾	1¼	1½	15¼	14½	1½	2¾	6¼	4½	0	¼	12	11½	5¼	4¼	¼	¼	¾	¼	0	¼	0	0	7½	6½	¼	0	2¾	1¼	¼	3½
	0	0	0	0	3¼	4	0	1	14½	13¼	2¼	¼	18¼	16	0	0	7½	6¼	0	¼	13	11	5½	4	1	¼	¼	½	0	0	0	0	9	7¼	1	¼	2	2	1¼	1
9	¼	0	½	0	4½	4	¼	0	14	13	1½	0	18¼	18¼	¾	1	9½	7	1¼	0	12	11½	3¾	4½	¼	¼	¼	¼	0	½	0	0	11½	7¾	¼	1	2¾	3	1½	1¼
8	0	0	0	0	4½	4	½	0	13½	18	0	1½	19¾	18½	1¼	2½	11½	6½	3	0	10	10½	4	4	¾	½	¼	¾	0	0	0	0	13½	8½	1	0	2	2½	1¼	1½
7	0	0	0	0	3½	3½	0	¼	12	12½	2½	1¾	20¼	19¼	4	0	15¼	8	0	0	4	9	4	4	½	½	0	0	0	0	0	0	18½	9½	1	0	½	1½	1¼	2½
6	0	0	0	0	3	3½	1	¼	11½	12½	0	1¾	22¼	19½	3½	1	16¼	8	3½	½	10	8	0	3½	0	¼	0	¼	0	½	0	0	14¾	6	¾	2½	2½	0	1½	2
5	1½	0	¾	0	2½	3	¼	¼	11½	11	1	2	23¾	21½	2¾	1¾	11¾	9	½	2	10	8	4	2½	½	½	0	0	0	0	0	0	12¾	13¾	2	2½	1½	2½	2½	1½
4	0	0	0	¼	2½	1¾	¾	¾	11½	12	2	2½	23¼	20½	2½	2¾	9½	7¾	½	¾	6	6½	4½	3½	0	0	0	0	0	½	0	0	13½	13¼	3	2	2½	2¼	1½	1½
3	0	0	0	0	3¼	2½	¼	¼	11	11½	1½	2½	25½	20¼	3	2¾	8¼	7¾	0	0	4½	4½	4½	4	0	0	0	0	0	0	0	0	14½	14½	4½	2½	2¾	2¼	1½	¾
2	¼	0	0	0	1½	1¼	1½	¾	10½	10½	1½	2½	17½	18½	5¼	4¼	8½	7½	1½	1¾	5	3	3½	4	0	0	0	0	0	0	0	0	15	13½	3¾	2½	3	2½	1½	1½
1	0	0	0	0	1¼	1½	1½	¾	8¾	7	2½	3	14	14	6	4½	6¾	6½	1¾	1¾	3½	2½	2½	4½	0	0	0	0	0	0	0	0	12½	13	4	2½	2¾	2¾	2	2
0	0	0	0	0	2½	¾	¾	¾	6½	3½	3½	3¼	11¾	8½	5½	4½	3½	2½	2¾	2	2½	1½	3	2	0	0	0	0	½	0	½	0	10¾	11¼	3¾	2½	½	0	¾	1¾
1	0	0	0	0	½	0	1¾	¾	3½	3¾	3½	3½	11½	4½	3½	2½	2	1½	1¾	1½	1	1½	2¾	2	0	0	0	0	0	¼	0	½	9	7½	4	2½	1½	0	½	1½
0	0	0	0	0	½	½	¾	¼	3	1½	3½	3¾	6¼	3	6½	2	3½	3	2½	¾	1½	¾	2¾	1	0	0	0	0	0	0	0	¼	3½	3½	3½	0	½	¾	1	¾
9	0	0	0	0	0	0	0	¼	2	½	¼	2¾	3	3¼	0	½	¼	½	1½	0	0	0	2½	1	0	0	¾	0	0	¼	0	¼	1	3	1¼	1½	¼	1½	0	1¾
8	0	0	0	0	0	0	½	0	¾	¾	1	½	1½	2	½	1¾	¾	0	1¼	0	0	0	¾	¼	¼	0	0	0	0	¼	0	0	2	1¼	¼	¼	2¼	2	0	0
7	½	0	¼	0	0	0	0	0	1¾	0	2¾	0	½	1¼	¼	¾	0	½	0	¼	0	½	1	¾	0	0	0	0	0	0	0	0	1½	½	¾	¼	2	2	0	0
6	½	0	0	0	0	0	0	0	1½	0	1	0	0	1½	0	½	½	½	¾	¼	0	0	1	¾	0	0	0	0	0	½	0	0	2	¾	0	¼	¾	2½	0	0
5	¼	0	0	0	0	0	¾	0	0	½	½	0	0	¼	¾	1	0	1½	¼	0	0	0	¾	¼	0	0	0	0	0	½	0	0	¼	0	0	¼	¾	2	¼	0
4	½	0	0	0	0	0	¼	½	0	0	0	½	0	1½	½	¾	¼	¾	0	0	0	0	¼	¼	0	0	0	0	0	½	0	0	½	½	0	0	3¼	1¾	0	0
8	0	0	¾	0	0	0	[illegible]	0	0	0	[illegible]	1	[illegible]	[illegible]	[illegible]	[illegible]	[illegible]	[illegible]	[illegible]	[illegible]	[illegible]	[illegible]	[illegible]	[illegible]	[illegible]	[illegible]	[illegible]	[illegible]	[illegible]	[illegible]	[illegible]	[illegible]	[illegible]	[illegible]	[illegible]	[illegible]	[illegible]	[illegible]	[illegible]	[illegible]
–	¾	0	½	0	0	0	0	¼	0	¼	0	¼	1	¾	1	¼	¾	0	¼	0	1	0	0	½	0	0	0	0	¼	¼	¼	0	0	¾	0	0	0	1¾	0	0
1	0	0	0	0	0	0	0	0	0	¼	0	0	¾	¾	2	0	1	0	¼	0	0	0	¼	¼	0	0	0	0	0	0	0	0	0	0	¼	¼	0	¼	0	0
0	½	0	0	0	0	0	0	0	0	0	0	0	1¼	2	0	0	0	0	0	0	0	0	0	0	0	0	½	0	0	0	0	0	0	¼	2	0	¾	½	¼	0
9	0	0	0	0	0	0	0	0	0	0	¼	0	0	¼	¼	0	¼	1	½	0	0	0	0	0	0	0	0	0	0	0	0	0	½	0	0	0	2	0	0	0
6	0	0	0	0	0	0	0	0	0	0	¼	½	0	0	0	1	¼	0	½	0	0	0	0	0	0	0	0	0	0	0	0	0	0	½	0	0	0	2¼	¾	0
8	0	0	0	0	0	0	0	0	0	0	0	¼	¾	¼	0	¼	0	0	0	0	0	0	0	0	0	0	0	0	0	0	0	0	½	¼	0	0	1½	2½	¼	0
0	0	0	0	0	0	0	0	0	0	0	0	0	⅜	¾	0	0	¾	½	¾	0	0	0	0	0	0	0	0	0	0	0	0	0	0	0	0	0	2¼	1½	0	0
9	0	0	¼	0	0	0	0	0	0	0	0	0	½	1½	0	0	¼	¼	0	0	0	0	½	½	0	0	0	0	0	0	0	0	0	0	¼	¼	2½	2¾	0	0
6	0	0	0	0	0	0	0	½	0	0	0	0	0	0	0	½	¾	0	0	0	0	0	0	¼	0	0	0	0	0	0	0	0	¼	0	¼	0	¾	¾	¼	¼
3	0	0	0	0	0	0	0	¼	0	0	0	0	0	0	0	0	¼	0	¾	0	0	0	½	0	0	0	0	0	0	0	0	0	0	0	0	0	¼	0	1½	1
0	0	0	0	0	0	0	½	½	0	0	¼	0	0	¾	0	½	¼	¼	¼	½	0	0	0	0	0	0	0	0	½	0	½	0	0	0	½	0	1½	1	¼	0
9	0	0	0	0	0	0	0	0	0	½	0	½	¼	¾	0	0	0	½	¾	0	0	0	½	0	0	0	0	0	0	0	0	0	0	0	0	0	1½	¼	0	¼
6	0	0	0	0	0	0	0	0	0	0	0	½	¾	¼	0	½	0	¼	0	0	0	0	½	¾	0	0	0	0	½	0	0	0	0	0	0	0	2	0	0	1½
3	0	0	0	0	0	¾	0	¼	0	0	0	0	0	¾	0	0	0	¾	0	0	0	0	0	½	0	0	0	0	¾	0	¼	0	0	0	½	0	¼	½	½	0
0	0	0	0	0	0	0	0	½	0	0	0	0	0	½	0	0	0	0	0	0	0	0	0	0	0	0	0	0	0	0	0	0	0	0	¼	0	1	1½	½	0
9	0	0	0	0	0	0	0	0	0	0	0	0	0	¼	0	0	0	0	¼	0	0	0	0	0	0	½	0	0	½	0	0	0	0	0	0	0	1½	3¾	0	0
6	0	0	0	0	0	0	0	0	¼	0	0	½	0	1	0	0	¼	0	0	0	0	0	0	½	0	0	0	0	0	0	0	0	0	½	½	0	0	½	½	½
3	0	0	0	0	0	¾	0	0	0	0	¼	0	0	0	½	0	0	0	¾	0	0	0	0	½	0	0	0	0	0	0	0	0	0	0	0	0	1	1½	¼	0
0	0	0	0	0	0	0	0	½	0	0	½	0	0	0	0	¼	0	0	¼	0	0	0	0	¼	0	0	0	0	½	0	½	0	0	0	¼	0	1½	1	¾	0
6	0	0	0	0	0	0	0	0	0	0	0	½	½	½	0	0	0	0	0	0	0	0	¼	0	0	0	0	0	½	0	0	0	0	¼	0	0	1½	1½	0	0
0	0	0	0	0	0	0	0	0	0	0	1½	0	½	½	¾	0	0	0	0	0	0	0	0	0	0	0	0	0	¼	0	0	0	¼	¼	0	0	½	¾	0	0
6	0	0	0	0	0	0	0	¼	0	0	¾	0	½	0	0	0	0	½	0	0	0	0	0	0	0	0	0	0	1	½	0	0	½	½	0	0	0	1½	0	0
0	0	0	0	0	0	½	0	0	0	0	¼	0	½	0	0	0	0	0	0	0	0	0	0	0	0	0	0	0	½	0	0	0	¼	½	0	0	0	2½	0	0
6	0	0	0	0	0	0	¼	0	0	0	0	0	3½	½	0	0	0	0	0	0	0	0	0	0	0	¼	0	0	¼	0	0	0	0	½	0	0	1½	½	0	0
0	0	0	0	0	0	0	0	0	0	0	1¼	0	0	½	0	0	½	0	0	0	0	0	0	0	0	0	0	0	0	0	0	0	0	½	0	0	0	0	½	0
…t. du surface …une moitié.	4	0	2½	½	55½	51½	13½	13	224½	205	67½	48½	342½	326	63½	47	164½	114½	36½	14	154½	145¼	88¼	83½	8½	9½	7½	6½	22	6½	3½	½	206½	188	47	19½	121½	148	41	37½

www.ingramcontent.com/pod-product-compliance
Ingram Content Group UK Ltd.
Pitfield, Milton Keynes, MK11 3LW, UK
UKHW021231230726
13926UKWH00003B/1364